U0196567

〔美〕汤姆·麦克尼科尔 著
李立丰 译

TOM MCNICHOL

The Savage Tale of the First Standards War

电流大战

爱迪生、威斯汀豪斯与人类首次技术标准之争

AC/DC

目录 | Contents

前言　正负两极

对于电，我一直心存敬畏。曾有两次，栽在其手。

首次遭遇，严重得颇为可以。当时，还是十一岁少年的我，正和自己的朋友麦克一道，在他家地下室玩耍。我俩从一个抽屉里翻找出麦克父亲的一些工具，之后的整个下午，都在十分开心地用它们钻孔、捶打、切割。我随手抄起一把射钉枪——这样的家伙我以前可从没摸过——开始像西部的荒野大镖客那样，四处乱射。每射出一枚钉子，都可以感受到十分强劲的后坐力。这就让你在用力扣动扳机的时候，仿佛是在做什么了不得的大事。

举目四望，我注意到，有一些隔热棉从天花板上松脱开来，但这点小问题，只消对准射上几枪就可妥妥搞定。于是，我将一张铁凳拽到正下方，站了上去，一只手高高举过头顶，看起来就像握着射钉枪的自由女神，开始对着松脱的隔热棉扣动扳机。一边要瞄准，一边还要尽力在椅子上保持平衡，着实不易。这时，一枚钉子恰巧打中沿着天花板角线敷设的一根暗褐色“绳索”。看来得用手把它拽出来了,我暗自琢磨。

结果,这条暗褐色绳索,却是供120伏特(美国标准家用电压)电流嗡嗡而过的电线!手指碰到楔入电线的钢钉的一刹那,我整个身体瞬间成为整个回路的一部分。电流击入手掌,沿着手臂,穿越胸膛,一路向下,经过双腿,通过铁凳,奔向大地。一切,都在电光火石间,以近乎光速完成。

电流在身体内部奔腾而过的刺激感受,很难用语言加以描述。曾因遭到电击而被吓得不轻(尽管不是风筝实验那次)[①]的本杰明·富兰克林(Benjamin Franklin),在写给朋友的信中这样描述:“这种感受无法言表……混沌之击,充盈身心,灌顶至足,内外兼至。”

似乎“内外兼至”的雷霆一击——的确如此。于我而言,感觉上电流绝非只是在体表乱窜,而是深深融入了整个身体。血管内好似给人倒入了滚烫的液态金属,狂涛

---

① 原文如此,其用意大概是暗指这一实验的真实性存疑。虽然传说称1752年夏,富兰克林和儿子威廉曾利用雷雨天,将风筝放入空中,待引线产生静电后,富兰克林摩擦指关节,与系在风筝线上的铜质钥匙接触,以此证明闪电实际上就是大量的静电。但其本人却从未正式承认做过这一实验。后来,曾有实验者重复此类实验时被电击身亡,也有科学探索节目验证过此类实验的不可行性。——译者注

全书脚注无特别注明的,均为译者注,以下不再逐一标明。

般席卷而来的悸动,透彻骨髓。电流最初通过手导入身体,随即却让人感觉“只在此身中,遍寻不知处”。可电流,分明又无处不在。电,就是我;我,就是电。

在我身体内到处肆虐的电流,遭遇血肉的阻力后,开始转变为热能。人们经常讲,被送上电椅的死刑犯是被“烧死”的,这种说法可谓是对于真实情况的精准描述。因为我本人,就正在被缓慢但持续地活活炙烤着。

搞不清楚到底用手攥了通电的钢钉有多久,或许只有几秒钟,或许更久。在电流的牢牢吸附下,似乎连时间也具备了不同的禀赋。电流的刺激,让手部肌肉出现收缩,导致钢钉被攥得比原来还紧。这一现象最早于十八世纪末由意大利医生卢伊奇·伽尔瓦尼(Luigi Galvani)发现。当时,他用带静电的手术刀接触死青蛙的裸露神经时,青蛙腿出现了剧烈痉挛。

一旦接触通电线路,电流往往会造成人手肌肉出现不自主地收缩,这种不幸的现象,一般被电工自嘲为“冻在电线上”。被“冻在电线上”的受害者,根本无法控制自己的肌肉收缩,只能依靠别人通过强力,才可摆脱与电线的“亲密接触”。

我,是幸运的。就在我的手指即将死死攥紧滚烫的带电钢钉之前,胳膊肌肉的猛然收缩,将手“解放”了出来。我一下子摔倒在地上——脸色苍白、气喘吁吁、头晕目眩,但却毫发无损。我所刚刚感受的,正是每个家庭插座里面都藏匿着的AC,或所谓"交流电"的巨大威力。在交流电路中,电流的方向会发生交替改变,开始是这个方向,随即就逆向而行,一秒之内,如此反复数十次甚至更多。

3

从住宅插座中引出的120伏特电流,正常的情况下,致人死地绰绰有余。每年,都有400多名美国人意外触电,死于非命。触电休克在美国工伤致死的要因中,排名第五。然而,对于现代生活而言,交流电根本无可替代。我们所熟知的这个世界,离开交流电就会彻底停摆。每一只电灯泡,每一台电视机,每一部台式电脑,每一座信号灯,乃至所有电烤炉、收银机、电冰箱与ATM机,无不仰仗交流电提供能源。所谓信息时代,恰恰就是建立在电能的基础之上。没有电,数据无法传输,信息不会流通。更遑论,说到底,数据字节本身就是电信号。就连计算机对于信息的处理,也需要通过电容的收放电来加以完成。

第二次见识电的阴暗面,虽然后果并不严重,但依然给我留下了深刻的烙印。当时,已经是大学生的我,在一个清冷的冬日,试图重新发动自己那台因亏电而趴窝的汽车。将电瓶导线卡钳夹在另外一台车的电瓶电极之后,我拿着导线卡钳的另一端走向自己的汽车,途中不慎摔倒,导线卡钳的正负极一下子碰到了一起。就这样,我再次构建起一个完整的回路,并成为其中的一部分。“嘭”的一声,升起一个“完美”的黄蓝色火球。我下意识扔下了导线,但手上还是留下了一个角子硬币①大小的黑色灼痕,成为本人与电作战的“功勋伤疤”。

这一次,我栽在了 DC,或者所谓“直流电”的手里。直流电,一般发自电池,按照一个方向,从正极流向负极。除此之外,直流电和交流电实属同样“货色”:都是带电粒子的运动。虽然汽车电池的电压只有 12 伏特,仅为家用电压的 10%,但并未因此让我的手好过多少。正常情况下,直流电和交流电一样,同样会“咬人”。

4

然而,对于现代人的生活而言,直流电同样不可或缺。路上行驶的汽车,得靠直流蓄电池才能发动。除此之外,手机、笔记本电脑、相机、随身听等移动电子设备,概莫能外。风暴中杀人的闪电,同样能够用来挽救生命。心脏除颤器通过对于直流电脉冲的精准控制,刺激心脏病人的心肌收缩,从而恢复正常的心跳脉搏。

---

① 所谓“角子硬币”,是指美国目前流通的 25 美分面值的金属硬币,直径为 24.26 毫米。

生与死,正与负。电的身上,包括着许多类似的二元对立,十分契合为点亮这个世界而付出的努力所催生的双生子:直流制式与交流制式。远在“家用录像系统”(VHS)对“贝塔麦克斯系统”(Betamax),“视窗操作系统”(Windows)抗争“麦金塔操作系统”(Macintosh),或者“蓝光”(Blue-ray)对抗“高清”(HD DVD)制式之前,史上最早,也是最肮脏的标准大战,就已在直流制式与交流制式之间爆发。十九世纪末,究竟应当通过直流电还是交流电传输电力的这场标准大战,改变了数十亿人的生活,塑造了当今这个科技时代,并为随后登场的各项标准之争预设了战场。数字时代的鬼才们早已将电流制式之争的经验教训铭刻在心:控制了某项发明的技术标准,就控制了市场。

直流制式与交流制式之间一决高下——后来被称之为“电流大战”(the war of the currents)——发端于一场显而易见的技术标准之争,即在相互竞争的两种方式中,选择哪种作为电力能源的运输手段。但这场技术标准之争,很快就升级为某种规模更大也更为丑陋阴暗的死斗。

在直流与交流的制式大战中,人性本质中最“恶”的一面——默默流淌的某种致命的自大、虚荣与残忍——却频频上线。几乎毫无还手之力,这场“电流大战”很快就围绕着人类最重要的情感之一——恐惧——而展开。大战的结果，给技术标准之争更为晦涩微妙的信息时代提供了前车之鉴。在不同标准的对决中，恐惧，永远都值得侧重与利用，无论是“电流大战”时对于生命的威胁，还是计算机时代最大的梦魇——被对手甩开！

1

电光乍现

电之史话，肇始于一场爆炸，一场无出其右的大爆炸。140 亿年前催生宇宙的这场大爆炸，同样孕育出了物质、能量与时间本身。大爆炸并没有发生在空间之中，而是创造了空间，是一场无处不在的大事件。其后的毫秒之间，物质便由基本粒子构建而成，其中的一些粒子，携带有正极或负极。而当这些带有正极或负极的粒子出现时，便产生了电。

宇宙中的一切物质，都带电，不同极性让原子们紧紧吸附在一起。人体当中也大量充斥这一现象。所谓中枢神经系统，其实就是一套大型神经电信号网络，通过神经末梢，将生物电脉冲信号传递至身体的肌肉与器官。

然而，电，好似造物主的真容那般，难得一见。大多数物质的正负电荷势均力敌，这种力量的均衡，让电很难崭露头角。只有在电荷失衡的情况下，电子才会开始运动，重寻平衡状态，进而让电初露峥嵘。

所谓电流，是指带有负电荷的电子为了重新回归平衡状态，从一处运动到另外一处的现象。就这样不知过去了多少年，牺牲了多少条鲜活的生命，人们才学会如何驾驭这种电子的流动，并让这些看不到的电子俯首听命。即便此时，电，仍然罩着一层神秘的光环，被视为来自异次元的某种无法窥视的怪异力量。

6

最早向地球掀开面纱的电，正是闪电——正是闪电，点燃了生命之火。宇宙论者相信，也许就是闪电，为诸如碳、氢、氧、以及氮等基本元素合成氨基酸提供了必要的能量，而氨基酸，具备更为复杂的分子链，是建构人体的基础单元。

数百万年前，地球的荒蛮地表，经常遭遇雷击。云中的带电粒子出现分离，就会放电。云的下部主要蓄积负电荷，经常会与云的上部以及以正电荷为主的地表产生巨大的电位差。这种不平衡所导致的放电现象，就是闪电。闪电蓄积大量热与能，其温度甚至超过太阳表面，携带的电压超过十亿伏特。

闪电不仅激活了有机生命，而且还在植物进化的关键瓶颈期，为遭遇养料供应不足的物种提供庇护。在20亿年前的太古代，二氧化碳水平曾出现过急剧下降，导致植物生长所必需的硝酸盐无以为继。据信，是因为闪电在空气中形成的硝酸盐，才帮助这一时期的植物逃过一劫。随着植物再次繁茂起来,制造出更多的氧气,使得地球更为适应动物——以及后来出现的人类——生存繁衍。在很多方面,我们都堪称闪电的产物,是电的后裔。

早期人类对于闪电的创造力一无所知,却只看到了其令人恐怖的摧毁力。撕裂天空的闪电可能会让人在举手投足间灰飞烟灭,可以转瞬之间将大活人烧成焦黑的干尸。对于这种力量,人们无法掉以轻心。可能历经了数百万年,人类才学会了如何免受雷击;可能需要更长的时间,人类才了解了闪电的造物之力。雷击所引发的野火,被人类及时控制并保存起来,用来烹煮食物、取暖御寒、震慑猛兽。

7

最早将电投入实用的生物,可能要算“能人”(Homo habilis)了,这些石器时代的早期人类,生活在距今大约180万年前的非洲地区。但事实上,所谓能人,能力未必有多高。他们还不会人工取火,只能等待雷击引燃灌木或树丛后,再小心翼翼地将火种保存起来。当部落要迁徙到别处时,能人只好一路带着火把,以期到达目的地后重点篝火,或者干脆在目的地静待下一次雷击。

对于“智人”(Homo Sapiens),雷与电,或许已经变成了某种灼人双目的谜团。大约公元前600年,希腊人发现,琥珀,一种树脂化石形成的金黄色低硬度宝石,如果

用皮毛擦拭,会出现异常的现象:被擦拭的石头可以吸附头发或其他碎屑。有时,琥珀甚至可以在与皮毛接触时发出转瞬即逝的电火花。尽管这一奇异现象背后的科学原理,在长达两千多年的岁月当中,始终属于未解之谜,但希腊人的确发现了静电。现在我们知道,皮毛将负电荷转递给琥珀,使其所带电荷出现不平衡,从而可以吸附草屑。这一现象,也赋予了电以现在的名称:Elecktron,在希腊语中意为琥珀。

即便人类不停地在试图理解电,但这一命题却似乎始终被迷信所笼罩。早期希腊哲学家、数学家,"美利都学派的泰勒斯"(Thales of Miletus),就将琥珀具有的奇特属性解释为万物皆有生命,即所谓万物有灵。希腊神话则通过将闪电与众神之王"宙斯"(Zeus)联系起来,认为其将闪电从天空投下,用以宣泄自身对于敌人的愤恨。维吉尔(Virgil)在其所著《埃涅阿斯纪》(*Aeneid*)中讲述的故事是,小阿贾克斯(Ajax)吹嘘自己的实力,公然宣称自己不会被闪电击倒,这种狂言无异于扇了众神一个耳光。不出所料,他的下场十分悲惨。没过多久,小阿贾克斯就被从天而降的闪电精准劈倒在地。

闪电如此骇人,很多文化都试图赋予这种看似恣意的破坏之力以某种特定意涵。伊特拉斯坎人

(Etruscan)及罗马人笃信,闪电绝非诸神的武器,还传达着他们的意旨。特别是前者,对于闪电的观察堪称执着,他们甚至将整片天空划分为十六块不同的区域,从而确定在不同区域出现的闪电所代表的具体含义。从西向北划过天空的闪电,往往被视为灾难降临的预兆,而观察者左手边出现的闪电,则代表着好运的到来。伊特拉斯坎人甚至还编修了一部有关如何解读闪电的圣书,严格按照从天空搜集而来的指引,设计自己所居住的城镇。

到了罗马时代,被闪电击中的物体或场所,都被视为圣物或圣地。神庙,往往会在这些地方拔地而起,并供奉诸神以取悦他们。至于那些遭到雷劈但却侥幸存活并向他人述说个中体验的幸存者,则会被人视为受到诸神眷顾的幸运儿。但在绝大多数情况下,闪电所发挥的,都是彻头彻尾的摧毁力。罗马诗人卢克莱修(Lucretius)曾这样写道,雷电"……能够把堡垒劈碎,把整个的房屋颠覆,把柱木和房梁扭开,把英雄们的纪念碑拔起,使它们粉碎而变成废墟,从人们把生命永远取走,把牛羊畜生到处抛在地上"。[1]

---

① 这段译文取自〔古罗马〕卢克莱修:《物性论》,方书春译,商务印书馆1981年版,第357页。

对于闪电的神化,也可以在其他文化中轻而易举地找到——显然,这种现象亟待解释。维京人发自内心地认为,雷神(Thor)驾乘战车出巡时,用神雷之锤击打砧板,就产生了闪电。在非洲,班图族(Bantu)部落膜拜负责闪电的神鸟乌邦杜拉(Umpundulo)。《约伯记》(The Book of Job)则将闪电归因于愤怒的上帝,“他以电光遮手,命闪电击中敌人”。《古兰经》也记述说,闪电乃受安拉之左右,兼具创造与毁灭之神力:“他是以电光昭示你们,以引起你们的恐惧和希望,并兴起密云。”

美洲土著部落特别关注闪电生杀予夺的矛盾本质。早在西方科学将电流解释为正负极之间电子流动的数个世纪之前,土著部落就清楚洞悉了电的双重属性。在一个民间传说中,“奥格拉拉苏族部落”(Oglala Sioux)的巫师“黑麋鹿”(Black Elk)现身说法,“如果是来自西方的雷电出现在视野当中,或者会担心雷暴降临;但当风暴从眼前消失,世界就将变得更加鲜绿,更加快乐;无论真实的看法降临何处,都宛如这场春雨。如你所见,风暴的恐怖过后,世界将会更加幸福……你们都已经注意到,这个世界当中出现的真相,都长着两副面孔。一张脸满是痛苦悲伤,而另外一张脸,则笑容可掬;但这是同一张脸,无论

9

是笑,是哭。”

正负、加减、善恶、生死。中国的道家,则使用道法自然中的阴阳观,而这一概念,与电异常契合。阴阳,绝非相互冲突的异己,而是一体的两面。彼此依存。东风压倒西风之时,同时也孕育着后者卷土重来的种子。

与此类似,电的正负极,其实就代表着这种不同性质之极的永恒轮动,负电荷占据了主导地位,就意味着正电荷开始崛起。著名的阴阳符号,非常优雅、简约地表达了这一理念:符号的黑色部分,中间包括一个小白点,反之,符号的白色部分,中间包括一个小黑点。这些小点,代表着不可避免将要萌发的对立面。

一直到了中世纪末期,哲学家才开始科学地看待电这个问题。首位真正开展电磁问题科学研究的人,是英国女王伊丽莎白一世时期的物理学家威廉·吉尔伯特(William Gilbert)。在其于1600年用拉丁文出版的巨著《论磁》(*De Magnete*)中,提出了“电”(Electricity)这一词汇,用来形容摩擦后的琥珀获得的吸引力。

吉尔伯特花了整整十七年开展电学及磁力学实验①，试图揭开自混沌初开以来就一直笼罩在电之上的神秘面纱。他是第一个描述电与磁之间关系的人，也是诸如“电力”（Electric Force）、“磁极”（Magnetic Pole）以及“电引力”（Electric Attraction）等概念范畴的缔造者。吉尔伯特将物体区分为“导电体”，如琥珀；以及“非导电体”，如玻璃。他认为，物体之所以带电，是因为被剥夺了以胶质形态存在的所谓“质液”（Humour），只在四周留下来所谓“电素”（Effluvium）。事实上，吉尔伯特的学说距离真相已然只有一步之遥。他提出的“导电体”，即后来通常意义上的所谓“导体”（Conductor），而“非导电体”，正是现在人们挂在嘴边的“绝缘体”（Insulators）。从物体上剥离

① 原作者在本书中经常混用 test 与 experiments 等词汇，国内有观点认为，应当将二者区别翻译为实验与试验，并为这种区分寻找到了化学领域应当使用实验、而物理学领域使用试验的区分理由。或者认为实验是指求知的起点，而试验则是结果的验证阶段。这一认知的根据，大体可以得到中国权威辞书的支持。的确，如果翻看通用的词典，就会发现，实验，是指为了检验某种科学理论活动或假设而进行的某种操作或从事的某种活动。参见中国社会科学院语言研究所词典编辑室编：《现代汉语词典》，商务印书馆 2012 年第 6 版，第 1180 页。而试验，是指为了查看某事的结果或某物的性能而从事的某种活动。参见中国社会科学院语言研究所词典编辑室编：《现代汉语词典》，商务印书馆 2012 年第 6 版，第 1189 页。但本译文并未采信上述观点，将其统一译为实验，理由有二。其一，爱迪生的大量发明，如蓄电池，兼具多学科的特征，无法简单将其划入物理或化学一类，也就无法明确将其译为“实验”或“试验”。其二，爱迪生酷爱通过试错的方式进行发明创造，很多所谓的“试验结果”，往往又是下一次“实验”的发端。故而，为了避免不必要的混淆，除非特殊注明，皆选用“实验”的译法。

10

下来的“质液”，现在被称为“电荷”(Charge)；而“电素”，则是物理学意义上的“电场”(Electric Field)。

不久，实验人员就开发出可以按要求收集大量静电的设备。1660年，德国实验者奥托·冯·格里克(Otto von Guericke)使用硫磺球及布条，制造了首个摩擦生电的机器。硫磺球被放置在一个玻璃球内部，并用曲轴穿过，转动手柄时，硫磺球开始转动，并与外侧包裹的布条发生摩擦，产生出静电火花。对于格里克来说，硫磺球代表着地球，会在被触及的情况下，释放出部分带电的“魂灵”，这当然算不上什么科学的解说。但这部机器是管用的，可以让实验者在需要的时候制造出足够的电火花。

1745年，皮埃特·冯·马森布罗克(Pieter van Musschenbroek)这位来自荷兰莱顿的数学家、物理学家，成为同时期少数率先完善出被称之为“莱顿瓶”(Leyden Jar)的实验仪器的实验者之一。马森布罗克所设计的莱顿瓶，其实就是一个装了一些水的玻璃瓶，水中垂放着一条金属珠链，用贯通玻璃瓶软木塞的金属杆连接金属链，塞子上凸起的金属杆顶端有一个金属球。当时，马森布罗克一手握住这样的瓶子，接触到了静电发生器，但什么都没有发生，于是他又用另外一只手碰了一下金属球，结果，一下子就被吓得灵魂出窍：

“我的右手遭到了极其强力的打击，就好像五雷轰顶一般。”冯·马森布罗克这样写道，“通常情况下，电不会流出瓶子，无论瓶子有多小，也不会强大到把手震开的程度。但这次，整条胳膊乃至身体却遭到了狠狠一击。我甚至以为自己这下子要完蛋了”。

冯·马森布罗克一时搞不清楚自己为什么会被电到——毕竟，过电的时候，瓶子早已经远离了静电发生器。他后来曾告诉助手，自己再也不会做这样的实验了。但其他人显然不会如此谨慎。很快，用莱顿瓶做实验的人，在用手接放电时，开始不断出现诸如流鼻血、痉挛、长时间头昏眼花甚至短时间半身不遂等不良反应。

11

莱顿瓶，说白了就是带电的瓶子，能以一种别出心裁的方法储存静电电荷，并随心所欲地进行放电。当莱顿瓶内部被充加特定电荷后，其外壁（因为玻璃与瓶子内壁绝缘）势必产生等量但极性相反的电荷。一旦瓶子内壁与外壁被导体连通——在上面的情况下，实验者的手成为导体——就形成了一个回路，电荷便会释放并产生巨大的火花。莱顿瓶，可以被视为现在广为人知的“电容”（Capacitor）的前身。例如，相机的闪光灯其实就是一个电容，可以在按动快门的瞬间释放。

最终，莱顿瓶得以改良，放电的时候再也不至于电到实验者了，而这也在很大程度上促进了相关实验的开展。很快，莱顿瓶就成为一种兼具实验道具与传奇物件属性的存在。大量以营利为目的的实验者，开始在欧洲各地通过莱顿瓶向闻风而至的看客展现电的伟力。他们甚至会利用放电杀死飞鸟或其他小动物，或者通过纵贯河流或琥珀的电线传递电火花。1746 年，法国神父，同时也是物理学家的让・安东尼・诺勒（Jean-Antoine Nollet）当着法国国王路易十五的面，让一股静电通过 180 名手拉手的卫兵进行了传导。在另外一次展示活动中，诺勒还用一根金属导线将一排天主教“加尔都西会”（Carthusian）教士串联起来，之后使用莱顿瓶通过导线发电；据说当时这些身着白袍的教士们因为受到电流的强烈刺激，几乎同时腾空离地。

当时，依靠莱顿瓶放电走秀的人中，就包括阿奇巴尔德・斯宾塞博士（Dr. Archibald Spencer），这位来自苏格兰的物理学家于 1743 年来到波士顿，向观众表演所谓的“带电魔术”。斯宾塞的表演手法极具观赏性——在一次表演中，他从一名被丝带悬在天花板上的少年脚上，引出了电火花。在场的观众无不目瞪口呆，此等奇观，见所未见、闻所未闻。看客中，有一位恰巧到访波士顿的费城邮差，更是被这次表演深深吸引。他的名字，叫本杰明・富兰克林。

2

瓶中之闪

电闪雷鸣中,本杰明 · 富兰克林将一只风筝迎风放起:此情此景,深深烙印在每一位美国学童的脑海中,其深入人心的程度,堪比星夜策马狂奔的保罗 · 里维尔(Paul Revere),或者天真烂漫砍倒樱桃树的乔治 · 华盛顿(George Washington)。如此这般的本杰明 · 富兰克林,通常身着全套殖民地风格的衣衫,牢牢拽着一根紧绷的风筝线,撕裂天空的闪电正巧击中被系在线头的风筝。风筝线下端系着的一把钥匙,则发出某种微弱,但明确无误足以辨别的花火。富兰克林的面部表情,往往呈现出某种令人费解的无动于衷,特别是对一个与数百万伏高压电流近在咫尺的人来说。

和诸多为人熟知的历史场景类似,富兰克林放风筝的故事,杂糅了事实与臆造,如果要是用今天某些电影的广告宣传语来说,就是"基于真实事件改编"。富兰克林的确在雷雨天放飞过风筝,以验证闪电是否属于电的一种,但他肯定不是首个吃螃蟹者,这种实验也绝非十分聪明的选择——富兰克林的冒险，已经让自己的一只脚迈入地狱。反过来说，“风筝引电”只是富兰克林一生中从事的与电有关的著名实验之一。即便从未放起那只风筝，其对于电学的贡献，也不会受到任何贬损。

与身后几乎所有实验人员不同，富兰克林在电学领域仅仅算是一名“票友”。他在这个方面的几乎所有发现，都出现在以1752年6月“风筝引电”实验为发端的六年左右时间之内。富兰克林天赋异禀，以至于可以将划时代的电学实验挤在如此短的时间段内逐一完成，从而让他能够腾出空来尝试出版商、作家、邮政负责人、国务卿、八卦段子手、政治哲学家、造反派，以及发明家（“富兰克林炉”[①]“双光眼镜”[②]、柔性输液管，以及脚蹼的前身，即游泳鳍）等诸多角色。

14

富兰克林目睹阿奇巴尔德·斯宾塞博士在波士顿的表演，即从莱顿瓶及在静止状态被赋予电荷的志愿者身上引出长长的电火花后，对电的兴趣便一发不可收拾。“这对我而言还相当新鲜，让人感觉既震惊，又有趣。”富兰克林后来这样描述斯宾塞所表演的特技。对他来说唯

① “富兰克林炉”，是指富兰克林所发明的一种燃烧木柴的火炉，因为设计科学，热效率较高，在很多地方一直沿用至今。

② “双光眼镜”，是指富兰克林所发明的一种为视力不佳者设计的特殊镜片，兼具远焦与近焦功能，使用者无需更换眼镜即可满足不同距离的观看需求。

一的问题，就在于斯宾塞算不上一位好演员，博士的把戏“表演露出了马脚，毕竟他算不得十分专业”。

永不消停的好奇心与绝佳的戏剧天分，让富兰克林自然而然对于电的神秘属性情有独钟。恰巧，他手边无事可忙。当时，富兰克林正在出售自己位于费城的印刷作坊，淡出商业，转而从事其所谓的“哲学研究与文娱活动”。看完斯宾塞的表演后，富兰克林便四处奔走，买齐了所能够找到的所有电学实验设备，其中，便包括一只莱顿瓶。他甚至还得到了一根用来产生静电电荷的长玻璃试管，这是植物学家，同时也是“伦敦皇家学会”（the Royal Society of London）会员的彼得·柯林松（Peter Collinson）所赠的礼物。很快，柯林松就成为深受富兰克林倚赖的知己，二人鸿雁传书，探讨电学。后者更在某种意义上充当了相关理论萌芽的共鸣箱与传声筒。在十数封往来信函中富兰克林深入浅出、简明清晰的实验描述，后来出版问世后，对千千万万读者起到了电学“除魅”的巨大作用。

只要埋头于任何与电学相关的可能研究，富兰克林就往往难掩内心的激动。“对我而言，从来没有任何事像后来所开展的这项研究，如此吸引我的关注，占据我的时间。”富兰克林在写给柯林松的信中如是说。斯宾塞博士的吸睛表演非常契合富兰克林的搞怪天性，很快，他就开始自己用带电的把戏娱乐朋友。富兰克林甚至还给自己位于费城的私宅铁篱笆通了电，一旦有人触碰，就会爆发无害但炫目的电火花。除此之外，富兰克林还打造了一只铁蜘蛛，加载电荷之后让其满屋乱爬。他曾胡乱搭建起一尊英王乔治二世的雕像，任何触碰王冠的人，都会因“大逆不道”而被电击。富兰克林曾在装满美酒的玻璃杯内侧加载电荷，客人开口畅饮时会被“招待”意想不到的电火花。他还曾身体力行，组织一种名为“电之吻”的沙龙社交游戏，参与者排成一圈，用嘴唇传递电荷。

1749年夏，富兰克林在斯库尔吉尔河（Schuylkill River）岸边为自己的朋友组织了一场“趣味招待会”，噱头之一，便是“电”。他这样描述自己所组织的活动：“将要通过电击的方式杀死一只火鸡，并用电烤的方式加以烹调，用于我们的晚餐，在此之前需要用电瓶所产生的火花生火。为了英国、荷兰、法国以及德国电学家的健康，在电池放电前，大家需要将接通电源的酒杯里的美酒一饮而尽。”让宾客大跌眼镜的是，电烤的火鸡味道十分鲜美。“以这个法子杀死的小鸡，味道异常柔嫩。”富兰克林写道。

富兰克林对这些小把戏趣味津津，经常眨着略带狡黠的眼睛,将自己最新设计的带电把戏展示给朋友们观赏。但其实一直以来,他对于电学这一问题域的态度都堪称严肃。相关研究也始终贯彻着富兰克林笃信的座右铭之一,“人生在世,能做什么好事?”[①]富兰克林对于获得与电有关的知识能够为自己做什么不甚关心,他的目标,永远都是能够用这些知识为大家做些什么好事。

富兰克林试图通过严格的实验理解电的本质,这在当时,算得上前无古人的创新之举。在若干实验中,他从莱顿瓶(富兰克林将其形容为“再好不过的魔法瓶”)中引出电荷,很快就对电的特性做出了若干列举。在看到水,甚至仅仅是潮湿的环境都极易导电之后,他记录道,“电火喜水,易受其左右”。富兰克林还发现——通过苦肉计——电流不只会顺着物体表面,更会浸彻整个物体加以传导。“如果有人质疑物体内部导电,认为电流仅仅沿着物体表面传输,那么从一只大玻璃瓶中引出的电流击穿身心时,或许能够让这个家伙放弃之前的顽固立场。”富兰克林这样写道。

16

带电实验显然算得上十分危险的行当,面对不期而

① 原文为“What good can I do in it”,但在《穷查理年鉴——财富之路》([美]本杰明·富兰克林著,刘玉红译,上海远东出版社 2003 年版,第 118 页)一书中,原文被表述为‘The noblest question in the world is what good may I do in it?’,意即“世上最伟大的问题莫过于人生在世,能做什么好事?”

遇的电击,富兰克林也未能幸免。其中一次,尤为骇人。1750 年圣诞节的前几日,富兰克林将两只大莱顿瓶串联起来,想要藉此电死一只火鸡,作为自己的节日大餐。但他却无意间碰到了一只莱顿瓶的金属导线,瞬间形成了一个回路。莱顿瓶放电,发出了夺目的闪光,以及“声如枪击”的巨大爆音,强力电流,击穿了富兰克林的身体。

“我最先意识到的,就是自己身体正在剧烈、高频地颤抖,随着其强度逐渐降低,我的意识也开始逐渐恢复。”富兰克林写道,“接触导线的手指以及部分手掌变成了灰白色,大概因为血液被驱走,在八分钟甚至十分钟的时间内,感觉自己都像是一条死鱼。直到第二天早上,我的胳膊和后背,依然感觉酸麻。”

尽管经历了若干惨痛教训,但富兰克林的实验还是结出了硕果。当时,一般认为,电包括两种流质或液体,即所谓“玻璃质”(Vitreous),即我们所说的正电,及“树脂质”(Resinous),或者负电,二者彼此独立,并行不悖。这种“电的双液体理论”可以解释为什么某些带电物体会具有吸引力,而其他的带电物体却表现出排斥力。但富兰克林通过自己的实验,确信电其实就是一种单一的液体,只是在不同电荷的情况下表现出不同的特质而已。如其后来在写给柯林松的信中所言,“因此,我们之间就出现了一些新概念:我们可以用 B(某些情况下,诸如我们的身体)指代正电荷;A 指代负电荷。或者,B 用 + ,A 用 - 来表示"。富兰克林对于上述全新词汇的创制表示道歉,并提出"在你们这些哲学家赋予其更准确定义之前,姑且可以如此凑合使用"。

事实证明,富兰克林所使用的概念——正负——的地位在随后的日子里并未受到任何挑战,一直沿用至今。 17 他犯下的唯一错误,便是提出电流的方向从正(存在富裕电荷的一极)到负(电荷不足的一极)。事实恰好与之相反。直到 150 年后,人们才发现了电子,这种承载着负电荷的粒子运动,构成了电流运动的基础。在此之前,富兰克林对于电的正负极的创新理念一直得到尊崇适用。即便到了今天,电路图上的电流方向依然是从正极到负极,即便电子的实际运动方向与此背道而驰。

虽然搞错了电流的真实方向,但富兰克林正确地认识到了电是一种粒子流动现象,而这种流动的目的,是为了恢复平衡状态。如其所记述的那样,假若莱顿瓶的顶部被加载了正电荷,那么其底部就一定会存在完全等量的负电荷。富兰克林所发现的这一现象,被称为"电荷守恒"(Conversation of Charge),乃是电学领域非常重要的理论突破。从此,电不再是某种神秘邪恶的力量,而化身为可预测的负责任者,永远试图恢复自然所赋予的平衡电荷状态。

在努力一点点还原电背后的自然法则的同时，富兰克林也从未放弃为自己习得的知识寻找用武之地。他认为，自己在某一领域的探索，颇具前景。“尖头体（Pointed Bodies）具备的奇妙属性，能够**吸引**或**释放**电火，”富兰克林在另外一封致柯林松的信中这样说。

“尖端具备较之于钝侧，更远距离吸引或释放电火的属性。”富兰克林写道。“因此，从顶部握着一根针状物，将尖端靠近带电体，可以在一步之遥的距离上感受出电场的作用力；然而，如果是让较钝的头部靠近带电体，则不会产生这种效果。”

富兰克林其实并不完全清楚为什么尖头会引发电火花，但钝头不会，不过，作为一名彻头彻尾的实用主义者，他对此并不十分在意。“尽管我们可能永远不会搞清楚原因，但知道尖头体的力量，或许还是会对人类产生某种作用。”富兰克林写道。尖头体所具有的力量，点燃了富兰克林的激情，因为这让他发现了探索电学现象的有益路径：让雷电远离建筑物。富兰克林注意到，闪电，和实验中的电火类似，似乎都会被又高又尖的物体所吸引：挺拔的树木、高耸的桅杆、教堂的穹顶、住宅的烟囱。在记录一名船长描述船桅遭到雷击的过程中，富兰克林注意

18

到一个非常重要的细节,准确来说,在被雷电劈到之前,桅杆就冒出了电火。金属桅杆,就好像富兰克林在实验室里使用的针状物一样,在尖端吸引了大量电荷。

或许,闪电只不过是一个特大号的电火花,是富兰克林在实验室中无数次引发出的小火花的无限放大版。富兰克林对比了电火花和闪电的一系列特征,包括发光的颜色、飘逸弯曲的动态形象、能够通过金属加以传导的特殊属性、发生时伴随的巨大噪音,以及如影相随的硫磺味道,等等。“电流会受到尖体物的吸引,”他写道,“我们不知道闪电是否也具有上述特性,但既然大家都认同通过上述对比所得出的共同属性,是否意味着闪电极有可能具备电流所具有的这种特质?”为了解答这一疑问,富兰克林发出了堪称后来的研究者效法的战斗宣言,“去做个实验!”

为了证明夹杂闪电的乌云是否带电,富兰克林提出了一个颇具开创性的实验:“在高塔或尖顶上,安置一个类似警戒哨的箱子,大小需要能够容纳一个人,以及一根导电的基座,在基座中央,竖起一根铁杆,并通过箱子的门蜿蜒伸出来,垂直向上,高度为二十或三十英尺,顶部要非常尖。如果导电的基座保持清洁干燥,那么当乌云压顶时,站在其上的人就有可能会被电到,并释放电火花,乌云中蕴藏的电荷,通过铁杆传导下来。如果发现这位人士可能会面临危险(尽管我认为不会出现什么危险),就让其站在箱子的地板上,时不时用一端系在铁杆顶端上的回路的导线,靠近铁杆,需要用蜡制的把手握住导线。如果铁杆带电,就会出现电火,而电火会从铁杆传递至导线,不至于伤害到实验者。”

19 富兰克林绝非首位提出闪电是电之一种的科学家,但是,他却是首位想出用科学方法证明这一理论的人。富兰克林从未将其所提出的实验设想付诸实施,但这一想法以及其背后蕴藏的原理,通过其与柯林松的往来信笺,于 1751 年被收录在一本名为《电的实验与观察》(*Experiments and Observations on Electricity*)的小册子中,并很快被翻译为法语、德语及意大利语。小册子在欧洲引发了轰动,也让富兰克林一举成为国际新闻人物,激发了电学的业余实验浪潮。其中最为重要的,莫过于将富兰克林所设计的实验加以落实。

1752 年 5 月 10 日,在巴黎北郊一个名为“玛丽”的村子,法国的实验人员按照富兰克林所明确的细节,搭建起了一个“警戒塔”,上面竖起了一个一头尖尖的铁杆,高达四十英尺。下午两点二十分,一块乌云压过警戒塔,突然,铁棒开始发出火花。而这时,它并没有被闪电击中。

不出富兰克林所料，这条金属棒，将电荷从乌云中吸引了过来。很快，欧洲的其他地方也纷纷照葫芦画瓢，开展了很多类似的实验。当然，并非所有的实验结果，都以喜剧收场。格奥尔格·威廉·里奇曼（Georg Wilhelm Richmann）这位在俄国工作的瑞典物理学家，就在试图重复富兰克林所设计的实验时，不幸遭雷击身亡。倒毙在地的里奇曼额头处有一红斑，脚底出现了一个空洞，显然，这是电流击入及击出人体的明证。

在18世纪的北美殖民地，新闻传播的速度还十分缓慢，富兰克林对于法国已经有人做过实验的消息仍然一无所知。于是一个月之后，他决定自己动手。尽管通常认为，富兰克林通过实验“证实”了自己有关闪电的理论，但事实上，在他放起风筝之前的一个月，他的概念便已获证明。

对于风筝引电的实验，唯一的书面记载，并非出自富兰克林之手，而是在事发15年后，由他的挚友、著名化学家约瑟夫·普里斯特利（Joseph Priestley）代书而成。据普里斯特利的记载，富兰克林本来计划在费城的“基督堂”（Christ Church）尖塔上搭建一个警戒平台，但因为教堂工期延误，不得已，才发挥聪明才智，想出了捕捉闪电的经典创意：释放风筝。1752年6月，富兰克林用丝绸大手帕

20

和相互交叉的骨架组装出了一个风筝，一端用双股亚麻线系牢。在朝上的风筝骨架上，富兰克林安装了一个一英尺长、顶部磨尖的金属丝。在亚麻线的末端，他系上了一把钥匙，并在钥匙上系了一根丝带。手握丝带，富兰克林待在搭建于开阔地中心的小窝棚里，静待夏日雷暴的造访。

富兰克林并非形单影只，伴他勇闯雷区的还有他二十一岁的长子威廉。大多数描述风筝引电实验的流行画作中，威廉凭空“被”消失了，少数保留其存在的画作也都搞错了状况。例如，在“科瑞尔与埃文斯公司”（Currier and Ives）出版发行的一张有关风筝实验的通俗画中，威廉就被描绘为一名黄口少年。事实上，实验那年，富兰克林只有四十六岁，但在很多画作中，他却往往被刻画为银须白发的耄耋老者。

根据普里斯特利的描述，因为担心实验失败而遭到世人奚落，富兰克林并未将风筝引电实验公之于世，而是选择让自己的儿子作为这个六月实验的唯一见证人。有些人抓住这点不放，认为这个所谓秘密进行的实验纯属虚构，但这种观点同样缺乏有力证据支持。虽然日后富兰克林与自己的儿子威廉正式决裂，闹得非常不堪，但小富兰克林也从未因此站出来正式否认风筝实验的存在。

风筝升空后，在厚重的雷雨云团靠近之前，是令人坐立不安的短暂空白，是对于成功引来电荷的激动期待。普里斯特利对此做了浓墨重彩的细致描绘："被寄予厚望的一朵乌云慢慢飘过，但什么都没有发生。随着时间的流逝，就在富兰克林心灰意冷，马上要放弃之时，他突然注意到，亚麻线上的细小纤维突然竖了起来，并且开始彼此排斥，就好像被放置在同一导体之上那样。目睹此景，如梦初醒的富兰克林马上用自己的指关节接触了下钥匙（此处略去若干字，可以让读者自行脑补这一瞬间富兰克林的无比喜悦之情），实验顺利结束。他观察到了实实在在的电火花。在亚麻线被雨淋湿之前，其他类似的尝试也都获得了成功，并且收集到了充分的电荷。富兰克林的设想，现在变成了毋庸置疑、不可辩驳的事实"。

21

富兰克林结束了实验，对自己的观点得到证明感到心足意满。尽管存在种种其他说法，但实验中风筝并未被闪电直接击中。此举之后，富兰克林很可能再也没有做过类似的实验。他从天空中收集到的电荷，呈现出与其在实验室中所采集的电荷完全相同的属性，成为证明闪电也是一种电的确凿依据。

富兰克林将风筝引电实验，非常"富兰克林式"地视为达成某种目的的具体工具。如果闪电也是一种电，那么就可以像在实验室里的静电荷那样,通过尖状金属物体将其“引走”。由此,催生出富兰克林这辈子最为重要的发明:避雷针。所谓避雷针,就是在建筑物最高处固定起来的一种尖状金属物,再将连接避雷针的金属线顺着建筑物外墙一路延伸入地面之下。如果闪电击中避雷针,电流将通过导线进入大地,避免建筑物因此受损。

很快,在北美殖民地乃至欧洲各地,家家户户的屋顶都矗立起富兰克林所设计的避雷针,《穷查理年鉴》(*Poor Richard's Almanack*)中也对如何安装避雷针进行了说明。这一装置,挽救了无数房屋与生命,富兰克林本人也将避雷针视为其一生中最为重要的发明。他从未针对避雷针申请过任何专利,虽然这样做会让自己变成富翁。对富兰克林而言,能够见证自己所发现的科学原理付诸实践,就已足够。

1752 年之后,富兰克林就几乎再也没有从事过任何电学实验,转而将大量时间投入政治活动,致力于收集美国独立革命的“天雷地火”。他将本来应当终生致力研究的电学实验,都压缩在短短几年内集中完成,而他创制出来的很多电学概念,几个世纪之后依然得到认可并被沿用:正负电荷、“不带电”(Neutral)、导体以及“电容器”(Condenser)。如后人所评论的那样,在富兰克林着手开展电学实验之时,电还只是某种神奇的存在,但在此之后,他却将电转化为一门科学。

当然,这个时候的电学,依然千疮百孔,亟待完善。电,依然深深隐藏着很多秘密,对于很多实验者来说,甚至都不知道究竟该从何做起。富兰克林的很多发现,也都是误打误撞的结果,他也是凭借自己的直觉摸索向前。虽然大多数情况下,走进的都是死胡同,但对于实验者而言,失败本身就是一种胜利,是迈向成功的重要一步。

紧随富兰克林步伐的下一位电学巨人,是动手大师——迈克尔·法拉第(Michael Faraday)。1791 年,法拉第出生于伦敦近郊,是一个贫苦铁匠的儿子。十三岁时,他就被迫辍学,外出做工贴补家用,成为一名订书匠的学徒。在与数以千计的书籍打交道的过程中,法拉第自学了能够接触到的一切有关电的知识。“对我而言,事实无比重要,也拯救了我。”他后来写道,“事实值得信赖,对于任何主张,我都会反复确认”。法拉第通过精巧绝伦的实验构思,弥补自己所受教育的不足,这也使得他成为那个时代最为杰出的电学实验者,成为动手者中的佼佼者。

后来,法拉第想办法进入位于伦敦的“英国皇家研究所”(Royal Institution),成为汉弗莱·戴维(Humphry Davy)爵士的助手,得以有机会接触当时顶尖的电学研究者。他还曾远赴米兰,拜会亚历山德罗·伏特(Alessandro Volta);后者曾于1799年,通过将反复交替堆叠的锌及铜环,浸泡在酸溶液中,制造出世界上首部电池。这种被称之为"伏特堆"(Volta Pile)的装置,无需像莱顿瓶那样加载电荷,即可产生电流——通过金属与酸溶液之间产生的化学反应。

受到伏特的启发,顺应当时席卷欧洲的电学实验潮流,法拉第很快就开始着手自己动手。他所从事的很多实验,其实都是在探索电与磁之间的微妙关系。法拉第发现,当闭合的线路切割磁场时,线路中就会偶尔出现微弱的电流,这便是所谓电磁"感应"(Induction)。他的感应线圈,也因此成为人类历史上首个变压器。在另外一系列实验中,法拉第发现,将两根导线连接在一张铜盘后,再让其透过马蹄形磁铁的缺口不同旋转,即可产生稳定的电流。这就是世界上首台发电机(在十九世纪,被冠以Dynamo的名称)——制造直流电的小型装置。将发电机的原理逆向适用后,法拉第还建造起有史以来第一个电动马达。截至1831年,姗姗来迟的电气时代所需要的所有关键要素——电动马达、发电机及变压器——都已经在法拉第的实验室内一一成为现实。

本杰明·富兰克林一直都感觉电流可能会在某些方

面大放异彩，他于1750年曾这样写道："电流可能会在我们尚不了解的领域发挥建设性作用，而且作用可能会相当之大"。人类用了数百万年，才逐渐认识到电非但并不可怕，还值得深入研究。如今，不仅可以对电开展研究，或许还能对其加以控制。

然而，谁又有能力控制这些看不见的粒子如何流动呢？电，一直在静候能够驾驭自己的主人的到来。

3

鬼才初现

25

1847 年 2 月 11 日，在美国俄亥俄州一个名叫“米兰”(Milan)的小村庄里，南希·爱迪产下了其第七个孩子，托马斯·阿尔瓦·爱迪生(Thomas Alva Edison)。这个男孩降临时，人世间还只能通过蜡烛或煤汽灯照明；但是当他离世时，整个星球都已被他所发明的不灭电灯所点亮。

年少时一直被昵称为“阿尔”的托马斯·阿尔瓦呱呱坠地时，南希·爱迪生早已人过中年。出生时，阿尔的头颅就大得异乎寻常，以至于村子里的医生一度担心这个小家伙罹患了脑膜炎。到头来，人们会发现，爱迪生硕大的脑袋绝非病征，而是象征，向全世界暗示着这颗尺寸超标的大脑里绝非空空如也。

爱迪生家属于实打实的劳工阶层。爱迪生的父亲，萨缪尔(Samuel)，开了一家经营屋顶板的木材加工厂。这个家族最为明显的特质，莫过于一直以来几乎傻冒儿般的牛脾气。爱迪生的先祖(最初，他们会拉长自己姓氏发音中的E,使其听起来像“爱—迪生”),是于十八世纪三十年代抵达新大陆,并在今天的新泽西地区定居的荷兰人及英国人。美国独立战争爆发时,因为顽固支持英国王室,反对殖民地革命者,导致整个家族都被驱逐至加拿大。到了十九世纪三十年代,爱迪生一家又站错了队,积极组织推翻统治加拿大的英国皇家政府,再次遭到贬斥,这次,流落至俄亥俄。成年之后,托马斯·爱迪生最终选择在新泽西北部定居下来,而这里,与其先祖本来最初就应当立足的地点相去不远——当然,假如他们不是如此“猪脑”的话。爱迪生原封不动地继承了家族的上述基因,固执己见的性格,成就了他一生中的诸多辉煌,也导致了他最大的几处败笔。 26

米兰村里一名乡邻幼子不幸溺毙,成为爱迪生少年时代的最初记忆之一。五岁时,爱迪生陪着这名少年去镇子边上的一条水沟,想要一起下河游泳。后来,爱迪生在他本人授权自传的补注中这样回忆当时的情景,“在水里玩了一会儿之后,和我一起来的那个孩子突然消失在水中。我一直等他再次露头,但天慢慢黑了,于是我就决定不再继续等下去,转身回家。当天晚上,我突然被人唤醒,有人询问我那个孩子的事情。仿佛整个镇子的人都提着灯笼站在外面,他们听说我是最后见过那个孩子的人。我告诉了他们自己一直等呀等的事情。人们去河里,捞起了他的尸体。”

对于上述悲惨事件的冰冷叙述,在爱迪生于1910年授权出版的自传中,得到了技术性缓和,过程被改述为,经历小朋友溺水的托马斯,“懵懂又孤独”地走回了家,但对“发生的事情缄口不言”,只是“对此感觉隐隐作痛”。事实上,爱迪生对于痛苦的无感——无论是对自己,还是对其他同类——作为一种突出的性格特质,伴随了他一生。尽管他也会突然对辛勤付出的员工意想不到地释放善意,或者对某项发明展现出略带孩子气的热衷,但无论面对何种不幸,爱迪生总是冷面相向。他对于人类的安逸或者去安抚他人都毫无兴趣。对于苦痛,他总是抱持某种奇怪的抽离感,感觉就好像是在观察实验室里的一场实验而已。

因为罹患猩红热,爱迪生直到八岁才上学,后来的事实证明,他在学校的确没有待多长时间。满打满算,爱迪生一生中仅仅在课堂里度过了三个月左右的时光,而且,上学的每一天,他都深感度日如年。对于事实的死记硬背,或者枯燥乏味的重复训练,无法让这个对周遭的外部世界分外敏感的少年提起半点兴趣。班上的老师,给这位对自己教学毫不感冒的孩子下了一个“稀里糊涂”的评语。对此,爱迪生的父亲萨缪尔似乎也颇为认同。他让自己的孩子从当地小学退学。爱迪生从此再也没有返回课堂。

27

然而,爱迪生的母亲,却根本不认为自己的儿子是榆木脑袋,而是相信爱迪生拥有异常敏锐的内心。曾担任过教师的南希·爱迪生,开始在家教育爱迪生,培养他对于书籍的热爱,对于知识的渴望。“我的妈妈造就了我,”爱迪生后来回忆。“她最了解我。是她让我学会了尊重自己的本性。”

早在孩提时代,爱迪生就深深痴迷于科学。他记得自己第一本从头到尾读完的书籍,就是《自然与实验哲学简编教程》(*School of Natural Philosophy*)①,书中介绍了如何在家做简单化学实验的步骤。爱迪生在家中地下室,为自己筹建了一个简陋的实验室,沿着墙壁摆着数百个装着化学试剂的小瓶子,为了吓跑可能捣乱的大人,他在每个瓶子都贴上了“有毒”的标签。他的父母后来回忆,当时,经常能够听到地下室传来闷闷的轰响,这意味着小阿尔又在特定化学品的混合燃烧方面吃到了小小的教训。作为一个孩子,爱迪生最喜欢的实验方式,就是不断

---

① 原文如此。其全名应该是1856年出版的《自然与实验哲学简编教程》(*A School Compendium of Natural and Experimental Philosophy*)。

试错,而这也成为他日后职业生涯的鲜明特征。对于爱迪生来说,遭遇错误的答案,只意味着自己又朝正确的目标走近了一步。

除了化学之外,让年轻的爱迪生感到着迷的,还包括电,特别是电报。在他出生的九年前,萨缪尔·摩尔斯(Samuel Morse)①刚向世人首次展示发送了可实用的电报。摩尔斯所设计的装置,通过控制直流电的接续停顿,影响电磁体,并由后者驱动马克笔,在纸袋上留下代表电码的长痕或圆点。到了爱迪生已经是小孩子的时候,电报线路业已连通了美国的城镇与乡村。这个男孩也自己动手用破铜烂铁组装了一台发报机,使用一组伏特式电池单元提供所需电力。通过电路,可以将看不见的一股股电流发送给他人,这让爱迪生的心中充满了好奇。这种被称之为电的神秘物质,究竟是什么?其工作原理究竟为何?他向每一位肯于倾听自己疑惑的人提出上述问题,一直追问到得出某种能够让自己满意的结论,哪怕模棱两可,方才善罢甘休。曾有一位来自苏格兰的游客告诉爱迪生,电就像"一条体型很长很长的狗,尾巴在苏格

① 萨缪尔·摩尔斯(Samuel Morse),1791年4月27日—1872年4月2日,美国画家,也被称为电报之父。有报道称,他在美国国会展示从华盛顿向巴尔的摩发送电报的时间为1844年,这一点似乎与原文中提及距爱迪生出生相隔9年的说法存在一定出入。

28

兰,头在伦敦。如果你在爱丁堡拽一下这条狗的尾巴,它就会在伦敦狂吠几声”。

“对此,我能够理解。”爱迪生后来回忆,“但我始终搞不清楚到底是什么穿过了电报线,或者那条狗。”即便那些跨越数百英里发送摩尔斯电码的人,其实也对电的工作原理知之甚少。半个世纪之后,当时最顶尖的物理学家开尔文勋爵(Lord Kelvin)①也承认,虽然毕生研究电学,但到最后依然和刚开始研究时一样,对其不甚了了。直到 1897 年,电的基本组成单元,即电子,才被最终发现。

十二岁时,爱迪生找到了自己的第一份工作,在“大干线铁路公司”(Grand Trunk Railway)②往来于密歇根州休伦港(Port Huron,爱迪生一家这个时候已经迁居至此)及底特律之间拥挤的通勤列车上卖报纸和零食。很快,他就找到了办法,能够在充当列车上的小侍应的同时,继续自己的科学实验。在列车的邮包车厢里,爱迪生为自己搭建起了一个实验室,化学试剂、试管、成捆的导线、伏特式湿电池,都被整齐地码放在货架上。对他来说,火车

---

① 本名威廉·汤姆森(William Thomson),1824 年 6 月 26 日—1907 年 12 月 17 日,英国著名物理学家,少年成名,是热力学温标、热力学第二定律的缔造者。

② “大干线铁路公司”(Grand Trunk Railway),成立于 1852 年,是一家经营加拿大及美国相邻各州铁路的英属铁路公司,被视为加拿大国有铁路公司的前身。

上的这份活计，简直就是为自己量身打造，工作不累，有大量的空闲时间可以让自己满足好奇心。每周，除了上交给母亲的一美元之外，爱迪生将剩下的所有钱都花在了购买书籍及实验用品上面。

“十二岁，是我人生中最幸福快乐的时光。”他后来回忆，“这个年纪的我，刚好能够开始体会这个世界的美好。这个年纪的我，尚未世故到体察这个世界的艰辛。”

就在马上要过十三岁生日之前，爱迪生受了伤，这场事故不仅改写了他本人此后的命运，也同样改变了人类科学的进程。对此，世间流传着不同的版本。其中一种说法是，站在站台上的爱迪生即将被飞驰而过的列车撞到，千钧一发之际，有人拽着他的耳朵，使其幸免遇难。另外一种解释则说，爱迪生带到车上做实验用的化学试剂引发了火灾，因此被激怒的车长扇了几个耳光。无论到底是何种原因，爱迪生本人则回忆称，自己听到了一声脆响，可能是耳朵里面的一根或几根软骨发生了断裂——之后便是钻心的疼痛。自此，他的世界便陷入了一片静谧。

29

“自打十二岁之后，我便再没有听过鸟儿的歌唱。”爱迪生后来毫无自怨自艾地谈到。可能因为年幼时罹患猩红热的缘故，他的听力每况愈下。最终，几乎陷入了全聋的境地。幸存下来的一点听力,体现出非常奇怪的选择性。他能辨识出别人的大喊大叫,或者诸如发报电键所发出的高频振动,但却对通常对话的声音充耳不闻。

“在嘈杂的环境里,我听什么毫不费劲。”爱迪生后来曾说,“从纽约乘坐地铁前往奥兰治时,即便列车全速奔驰,发出震耳欲聋的轰鸣,我却可以从中清晰分辨出女性之间谈论的那些悄悄话,拜这些噪音之福。但只要列车停下来,哪怕近在咫尺的人用正常的音调说话,我也一个字都听不到。”

爱迪生也承认,耳聋彻底改变了自己的人生,但他却始终坚持,这是改变,是积极正面的。“在很多方面,我都曾因听不见而大受其益。”他写道。“坐在发报室里,我只能听到我所工作的机位所发出的声音,因此不会像其他发报员那样受到其他发报机的干扰……耳聋,从未影响过我赚钱,一次都没有。相反,倒是曾很多次帮过我的大忙。于我而言,聋,乃是相伴终生的财富。”

耳聋,迫使爱迪生进行了大量阅读。这个男孩在底特律公立图书馆的书架上发现了甘之如饴的宝贝。“我从书架最底下一层的第一本书读起,一本接一本,”他回忆到,“我读的不是几本书,我读了整个图书馆。”

爱迪生如饥似渴地整本吞下像《一便士图书馆之百

科全书》(*The Penny Libaray Encyclopedia*)这样的大部头通俗读物,更会深入挖掘诸如像罗伯特·伯顿(Robert Burton)所撰写的《忧郁的解剖》(*Anatomy of Melancholy*)、爱德华·吉本(Edward Gibbon)写就的《罗马帝国兴衰史》(*Decline and Fall of the Roman Empire*),以及艾萨克·牛顿(Isaac Newton)所撰写的《自然哲学的数学原理》(*Principia*)等研究专著。但爱迪生最终被牛顿的著作弄倒了胃口,认为其高深莫测的计算令人完全无法理解。“我曾一度专攻数学,直到让自己彻底对此厌恶至极。”他后来说道。

爱迪生喜欢将自己某些最为重要的发明归功于听不到。因为无法听清贝尔发明的电话里传出的声音,爱迪生精益求精地研究如何完善电话的送话器。他不辞辛劳地改良留声机,理由很简单,任何包括尖锐泛音或嘶嘶杂音的唱片都根本无法使用。晚年时,面对提议给自己做手术以期改善听力的耳科专家,爱迪生断然拒绝。

30

“我绝对不会让他尝试这样做,”爱迪生说,“我知道,很多根本没有我聋得这么厉害的人,都很害怕自己听不到。但如果这些人能够坦然面对,并让周围的寂静带领他们去阅读些好书,就会发现,这个世界其实十分美好。”

但是,听力的丧失,还是让这位发明家的世界出现了一些他本人无法察觉的微妙变化。因为几乎听不到别人究竟在说些什么,爱迪生最终干脆放弃了倾听别人的尝试。大多数情况下,他与别人的交谈,都更像是一个人的独白,特别是在他步入而立之年,成为一名成功的发明家之后。论证自己观点时,爱迪生往往满怀激情,会时不时拉高其多少有些单薄的尖嗓子,甚至拍桌子,以便彻底表达自己的意见。面对反对意见时,爱迪生实际上根本听不进去。如果是普通人,这样做可算粗鄙无礼,但如果对发明家而言,则算得上彻底的危险。

"对于我必须听到的声音,"爱迪生会说,"我听得到。"

因为与外部世界的声音绝缘,爱迪生的感知愈发依赖视觉。他的很多发明,在送到实验室之前,都曾画过十分详尽的设计草图。爱迪生的实验笔记里,充斥着各式各样的精密设计图,以至于看起来更像是制图员或建筑师的工作记录,而非一名发明家灵光乍现时的信手涂鸦。对他来说,如果没有在内心加以洞悉,如果没有落在设计图上,发明就根本无从谈起。爱迪生不擅抽象,无心计算,而是以视觉为导向,以线条为载体——一种堪称"成也萧何、败也萧何"的方法。

但对爱迪生来说,电这条线,显得尤为难以刻画与探

31 求。这种物质，飘忽不见、神秘莫测、变化多端。根本无法在笔记本上对其加以描摹，更无法忠实还原电线中川流而过物质的真正样态。电学，要求某种抽象思维，这就使得试图将飘忽不定的电子加以远距离运输，从而为这个世界提供动力的爱迪生，被迫处于某种极端不利的位置。当他真的需要聆听他人意见时，却发现已被牢牢地困在自己所营造的寂静世界里，听到的，只能是自己的独语，以及血液流经耳部时所产生的些许脉动。

“对于我必须听到的声音，我听得到。”

事故发生后不久，爱迪生重返“大干线铁路公司”上班，并且很快就发现了一条赚外快的好路子。他买下了位于底特律的一家小印刷厂，开始围绕大干线铁路的相关新闻，发行一份名为《先驱周报》(The Weekly Herald, Published by A. Edison)的出版物，定价一份三美分。爱迪生不仅是该报的发行人，还身兼排版、印刷、新闻买手、广告代理等多项职务，同时，他也是该报的唯一一名记者。

这份报纸存世极少，但从现在能够看到的内容中不难发现，这个小伙子具备敏锐的新闻嗅觉，但却不甚关心遣词造句甚至单词拼写。报纸的内容囊括铁路沿线生活的方方面面：电报的大流行，生老病死的简讯，失物招领的信息,铁路沿线的商机,卧铺列车的时刻。除此之外,还有若干篇幅较长的新闻报道,一看就是大都市中精于此道的记者的老辣笔触。例如,在其中的一个故事中,爱迪生记载了一位海地政府的代理人,试图诓骗大干线铁路公司六十七美金,宣称这是自己"遗失"皮箱的补偿。但因为"公司负责调查此事的探员史密斯先生(W. Smith)的不懈努力与非凡能力",骗局最终得以戳破。

另外一篇报道,则全是对于大干线铁路公司的一位机械师诺萨普(E. L. Northrup)的溢美之词。爱迪生写道,"我们认为,你不会再遇到任何一位(比诺萨普)更细心、更专注于他所负责的火车头、更稳如泰山的火车司机(以连续乘坐火车两年以上的经历来看,我们自认为可以做出上述评判),他十分和善、尽责,忠于职守。"热情洋溢的报道,彰显出年轻的爱迪生已经学会如何通过媒体为自己索取方便。要知道,机械师在火车上可是说一不二,但只需在自己的报纸上稍加美言,就可能会让其再次见到邮政车厢内满是脏兮兮的湿电池,以及大量标有"有毒"字样的小瓶子时,换上另外一副面孔。

32

但最终,爱迪生失去办报的兴趣,将不安分的注意力转到一直让自己魂牵梦萦的电报上来。他甚至还创建了自己的电报系统,将电报线从位于休伦港的火车站扯到了一英里之外的镇中心。从铁路离职后,爱迪生摇身一变,成为镇上的见习报务员,开始学习摩尔斯电码,尽心尽责地抄报通过电线传递来的晚间新闻。

作为见习报务员,爱迪生需要值晚班,一个人打发漫长时间,这也催生出他的第一个发明。夜间,报务员被要求每隔一小时向列车调度室发送代表数字“六”的电码,以证明自己值班时并未睡着。爱迪生因此设计了一个小铁盘,并在铁盘的外侧刻出来凹槽,后将其安装在钟表上。每过一个小时,转动的铁盘将激发一个继动器开始工作,自动发送数字“六”去调度室。被解放出来的爱迪生可以腾出空来埋头于自己的实验。

当时,出色的报务员可遇而不可求,熟练掌握摩尔斯电码的人,走到任何地方,都会马上找到工作。十六岁时,爱迪生离开家乡,开始了长达五年之久的漂泊生活。居无定所的他,曾在底特律、新奥尔良、辛辛那提、印第安纳波利斯以及孟菲斯等地,或长或短地担任过报务员。对于一名仅仅读过几年书的穷小子,电报就像上帝派来的使者,让他有机会看到了本来根本无缘一见的广阔世界。流浪报务员的生活,让出生于偏僻小镇的爱迪生大开眼界。内战结束后,他开始频繁造访美国南部,并在被击败的南部邦联地区,增长了很多见识。

“所有东西都免费,”爱迪生后来回忆,“有超过二十家赌场开门迎客,我去过的那家,居然就开在浸礼会教堂(Baptist Church)之内,操盘者站在神坛之上,赌徒们则围坐于教堂内聆听布道用的长椅上。”

33

十九岁时,爱迪生曾在路易斯维尔停留过一段时间,为“西联汇款”(Western Union)担任报务员。当时,路易斯维尔电报局的情况颇为糟糕。天花板上敷设的石膏斑驳脱落,标志性的铜制电报接线板因为锈蚀且缺乏维护,已经变成了黑色。线路经常出现短路,发出让爱迪生误以为遭遇炮击般的巨大轰鸣。屋子里乱七八糟堆满了抄报本及捆扎电报所用线束,除此之外,还矗立着一台一百单位的硝酸电池。安放电池的架子以及下面的地板早已被渗漏出来的酸液腐蚀得千疮百孔。尽管条件恶劣,但爱迪生却由衷喜欢这份工作给自己带来的自由感。他的内心,永远都为电报留存了最柔软的一处位置,即便在电报已经被他自己的某些发明取代之后,情况依然如此。他用摩尔斯电码,向自己的第二任妻子米娜(Mina)求婚,并给自己的两个孩子分别取了代表摩尔斯电码的“点点”(Dot)和“横横”(Dash)作为昵称。

身为一名四处漂泊的报务员,爱迪生大部分时间都孑然一身。“这个年轻人似乎总是闷闷不乐,看起来十分孤独。”他的一位工友曾这样回忆。的确,爱迪生朋友很少,业余时间也总是喜欢阅读,或者鼓捣自己的实验。毫无疑问,失聪在很大程度上导致了这种近乎绝对的孤独。

“我被隔绝于清谈这种类型的社会互动关系之外,”爱迪生后来曾说道,“但对此我十分开心。例如,在我担任报务员后,在寄宿的客舍或旅馆餐桌旁,我听不到别人的交谈。但免于参与这样的对话,让自己有机会思考自身所面临的问题。”

爱迪生的问题,绝大多数都和科学有关。电报局对于像他这样的实验者来说,堪称宝库——随手可见的废旧电池、成捆的铜线、废旧金属,以及各种小工具。利用工作中得到的边角料,爱迪生制造出来一种能够以较慢速度将电报中的“点”与“横”通过在纸板上打印凹痕的方式加以记录的仪器,藉此,报务员可以在空闲的时候,通过纸板上的凹痕将电报内容还原出来。

34

爱迪生敏锐地捕捉到了电所具有的矛盾属性,正或负,创造或毁灭。在辛辛那提担任报务员期间,爱迪生搞到了一套二手感应线圈,通过这种法拉第所设计的变压器,可以将化学电池所产生的弱电改变为高压电。爱迪生将感应线圈的一端连在电报局的金属洗手池上,并在上面的房顶钻了一个观察孔,之后,邀请了几位工友爬上屋顶,透过小孔观看下面将要发生的奇观。

“第一个人走了进来,将手伸进了洗手池的水中。”爱迪生回忆道,“因为地板很湿,因此这个人就连通了一个回路,以至于他的手被电流击打抬了起来。他又试了一次,结果还是一样……我们当时都非常痴迷于这一‘运动’。”

爱迪生还设计出来另外一个带电装置——一种被其称为“老鼠瘫痪器”的设备,用来对付在电报局中肆虐的啮齿类小动物。该装置包括两块彼此绝缘的金属板,以及连通两块金属板的电池。金属板安装好之后,一旦有老鼠经过,前爪触及第一块金属板,后爪还在第二块金属板上时,就形成了一个完整的电路。随即,爆发出炫目的电火花,传出一声巨响,还会发现一只被电死的老鼠。后来,爱迪生基于相同原理,制造了一个专门电杀蟑螂的小机关。

与富兰克林以及其他实验者类似,爱迪生也曾经亲身体验过电所具有的矛盾特质的阴暗面。一天,在实验感应线圈的过程中,他不慎握住了线圈的两级。电流瞬间流过他的双臂,导致其手上的肌肉猛地收缩,反而将电极握得更紧。之前曾经将若干生物置于死亡电流之下的爱迪生,这次自己也被“冻在”了电路上。

“唯一能够脱身的办法,就是向后退,拉动线圈,让电池的导线从架子上脱离,进而断开回路。”爱迪生回忆,“我闭着眼睛开始拉,但喷溅出来的硝酸却溅了我一脸,顺着后背直淌,我赶紧跳入附近的一个水槽,但里面只有一半水,我只好尽可能蹲在里面,挣扎了几分钟,好用水稀释掉附着的硝酸,减缓遭受的痛苦。我的整张脸以及后背都变成了黄色,皮肤被彻底氧化。此后差不多两个多星期,我都不敢白天上街,毕竟这张脸看起来太吓人了。”

35

1868年,爱迪生在波士顿找到了一份与电报有关的工作。这里号称美国的发明中心、北方佬智慧的摇篮;也正是在这里,爱迪生模仿法拉第,开始充当全职的发明人。他偶然在一家书店里读到了法拉第的著作全集,遂深深折服于这位英国人极具创造力的电学实验,特别是跟他自己类似的世界观。没有上过学的法拉第对钱不感兴趣,只掌握了初级数学知识,后来却成为电学这个全新领域的巨人。法拉第相信,科学不是为那些躲在象牙塔里的理论家,而是为在实验室里撸起袖子放手干的实验家所准备的。这一点,与爱迪生所见略同。

从电报局下班后,爱迪生就一头扎进法拉第的著作当中,有时甚至连续苦读到第二天早饭时间。著作中对法拉第的很多实验都进行了细致入微的描述。读后,爱迪生决定,向大师学习,走大师走过的路。

"我当时想,必须亲自尝试书中所介绍的一切。"爱迪生后来说道,"(法拉第)的介绍言简意赅,他很少使用算数,称得上是一位实验大师。但我不认为法拉第的这套书销量会很好。可以说,在电学领域做得最多的,就是报务员。"

爱迪生一直十分乐于动手尝试,但基本上都还是趁老板不注意,利用自己的业余时间鼓捣。在法拉第的著作中,他发现了另外一种可能性:全职发明家。1869 年 1 月,当地一本商业期刊发表了一则十分简短的快讯:托马斯·爱迪生,前报务员,"今后将用全部时间从事自己的发明事业"。

一旦认识到究竟该如何生活后,爱迪生的发明便开始如水银泻地,汩汩而出。仅在 1872 年,他就有 38 项专利获得批准。翌年,又有 25 项专利获批。这些专利中,很多都与电报设备或技术的完善息息相关。他的发明一直不断,最高产的一年,曾获批 106 项专利。在他整个发明生涯中,仅在美国,爱迪生就获得了 1 093 项专利。 36

爱迪生申请注册的第一个专利,编号 90646,于 1869 年 6 月 1 日获得批准。该专利是一台电子投票记录仪,原理类似于电报机,主要供议会以电子方式统计投票结果。虽然从工程技术的角度来看,这项发明堪称精妙,但作为一项发明,却实属糟糕。当时,大多数议员都不愿意自己的投票被快速计票,而是希望拖到最后,从而为自己赢得发言或者进行幕后交易的机会。爱迪生向美国国会推销自己发明的努力以失败告终,这一设计,最终落得在专利办公室吃灰的下场。惨痛的教训让爱迪生刻骨铭心。他随后的发明,不仅展现出突破性的科技成就,还十分关注公众的实际需求与可接受程度。

在投票记录仪之后,爱迪生的下一项发明可谓获利颇丰——他所设计的改良版股市行情自动收录机,让自己真得一夜之间净赚四万美金。随后,又快又多的发明,贯穿了整个 19 世纪 70 年代——电笔、一种经过改良的电池、石蜡纸(用来包装糖果)、双工电报机(能够在同一条线路上同时发送两份独立的电文)、四工电报机(同时发送四份独立的电文)、六工电报机(同时发送六份独立的电文)。他还发明了碳基受话器——至今麦克风及电话听筒依然沿用这种设计。

爱迪生因为太过高产,以至于根本无暇一一开展自己设想的发明创造。1875 年,他就琢磨出一种能够多批量复制文件的机器,并赋予其"滚筒油印机"

(Mimcograph)的称号。因为还有其他的发明亟待跟进，于是爱迪生将这项产品技术转让给了总部位于芝加哥的“迪克公司”(A. B. Dick Company)，而这家公司后来因此成为世界领先的办公用品供应商。一代代学生都是闻着油印出来的试卷的味道长大的，但他们很少有人会意识到，自己体验的，恰恰是爱迪生发明的“别样气息”。

37

或许只有像爱迪生这样的天才，才能源源不断地提出如此多的创新，才能对既有设备进行如此完善地改良。但另一方面，爱迪生也生逢其时，他所处的大时代，赋予其将聪明才智投入科学实践的绝佳契机。工业时代的黎明到来之时，爱迪生正好成人。如果早生二十年，恐怕作为一名发明家，爱迪生将感觉英雄无用武之地。如果晚生二十年，恐怕爱迪生将屈尊于某家大型公司，在普通研究人员的岗位上穷其一生。爱迪生，带着正确的内心准备，在正确的时间，出现在了正确的空间。

1876 年，爱迪生建构起当时最为先进的“发明工厂”，并依托该工厂继续自己的研究。研究所位于新泽西的“门罗公园”(Menlo Park)，距离纽约二十英里，而它也被视为世界首个现代意义的产品研发中心。门罗公园实验室雇佣了数十位工作人员，后来慢慢扩展到数百人，分别负责爱迪生的各个项目。很快，这些手下就切身领教了自己老板的试错之道。其中一位工作人员曾这样回忆，“爱迪生似乎在面对难题一筹莫展时，反而感觉十分快乐。这样会让他更加绷紧神经，思如泉涌”。

爱迪生有能力同时让多项发明齐头并进，只有在极少数情况下，他才会将注意力集中到某项具体的项目开发上。其中之一，就是留声机，而这项发明，几乎占用了他在1877年的全部精力。

之前，爱迪生一直在思考如何通过一张圆盘自动记录电报信息，直到有一天，他突然意识到，这个主意其实可能会有更好的用途。于是，他设计出一种装置，包括用锡箔包裹的大蜡管，并让其与像小凿子一样的金属针接触，然后金属针又与铁制的振动膜相连。一边转动圆管，一边对着震动膜说话，金属针就会产生振动，并在锡箔上面根据声音的震动产生相应的凹痕。回放时，另外一根指针将锡箔上的凹痕还原为震动。

最初，爱迪生对自己的这项发明并未寄予厚望——

他认为，最多也就能够勉强录下只言片语。他摇动手柄，转动圆筒，对着振动膜喊出了一句话，“玛丽有只小羊羔[①]。”之后，他将回放针轻轻搁在锡箔凹痕的开始部分，

---

① “玛丽有只小羊羔”（*Mary Had a Little Lamb*），是一首十九世纪三十年代起源于北美地区的著名儿歌。

再次摇动手柄，却惊讶地听到了正在说话的自己的声音。

“在我的人生体验中，从未经历过如此这般的震撼。”爱迪生回忆，“所有人都被惊得目瞪口呆。首次尝试便产生如此效果，让我大吃一惊。”

留声机，也成为爱迪生最为看重的发明，原因很简单，在此之前，从未出现过类似的设备。他对于留声机的改良完善，从未停止。有时为了检测声音质量，他会将自己的耳朵直接贴在留声机的传声筒上。他甚至还用牙咬住传声筒，以便让震动的声波通过头骨传如大脑。对于一位失聪者来说，发明一件会说话的设备，堪称奇迹。

“如果我不是听不见，那么留声机就永远不会是今天这个样子。”爱迪生曾如是说，“作为一个聋子，我不断积累有关声音的知识，直至达到储备深厚的程度。我知道，自己的发明将不会制造泛音……就是因为曾充斥着泛音，这件能够完美收录钢琴曲的机器整整耗费了我二十年的光阴。现在，我做到了，究其原因，就是因为我听不见。”

在一篇 1878 年发表于《北美评论杂志》(*North American Review*)的文章中，爱迪生和读者分享了他对于刚刚崭露头角的留声机在未来的应用前景：

留声机在未来的应用，包括，但不限于如下

可能：

1. 无须速记员的帮助，即可撰写文件或其他所有类型的指令。

2. 有声读物，可以让盲人无需付出任何努力即可聆听他人朗读书籍。

3. 演说术的培训教学。

4. 复制、传播音乐作品。

5. 保存“家族记忆”——家族成员用自己的原声，讲述故事，分享回忆，临终者也可藉此留下遗言。

39

6. 充当音乐盒或提供其他娱乐功能。

7. 让钟表具备报时功能，用声音提醒回家或就餐。

8. 通过原汁原味记录发音方法，保护特定语言免于湮灭。

9. 教育用途，例如记录下教师的讲解内容，从而让学生可以随时温习，或者在拼写等课程中通过留声机发声，帮助学生记忆。

10. 和电话连接，从而让留声机永久记录下重要的信息，从而不再需要借助备忘录或者其他速记方式。

爱迪生对于留声机未来应用的大胆预言，几乎都与记录人类语言有关,而事实上最终轻松胜出的第 4 项预测,即音乐作品的复制与传播,却更像是某种后知后觉。虽然一贯在新的发明领域保持着敏锐的嗅觉,但爱迪生在预测人们会如何具体应用自己的发明方面有些反应迟钝。例如,他预言,有朝一日,电影将在教育领域发挥巨大作用,并最终取代学校乃至大学。而他也相信,未来,小型发电站将遍布各个城镇,为周边的家庭、企业就近提供电力供应。

在向世界公布留声机这一发明成果后,爱迪生几乎一夜成名。对于广大公众而言,这一装置充满了魔力,各大报纸的谦谦记者,蜂拥而至,争相就这一伟大创举采访爱迪生。“如此发明,将会为商界人士及公众人物带来无可估量的实际好处。”《波士顿时报》(*Boston Times*)这样报道。“爱迪生这次贡献给人类的,将远超他通过申请任何专利所带来的收益。”媒体将他称为“门罗公园之鬼才”(The Wizard of Menlo Park),而这正是爱迪生在他一生中不断尝试的角色。

4

这便是光

41

留声机这一不期而至的伟大发明,像极了偶然间击中大地的智慧闪电。全世界的注意力,都被吸引到这一技术与艺术完美结合的产物身上:一个几乎什么都听不到的聋人,发明了一台可以“说话”的机器。尽管,对于爱迪生而言,留声机依然在某些方面不算尽如人意。很多人都认为,这只不过是件玩具,属于昙花一现之后便会销声匿迹的客厅摆设。事实上,曾几何时,这种看法几乎真实。在问世后的二十余年间,留声机一直少人问津。

说到底,爱迪生算得上很拿发明创造当回事的人。这是他的使命、他的生活,更是他借以窥视外部世界及反观自我内心的一扇窗。很快,他便开始想方设法琢磨起另外一个更为重要,足以让所有人都立刻意识到不可获缺的发明。

从费城的一家百货商店,爱迪生捕捉到了下一项发明的灵感。1878 年,作为美国最早创办的百货商店之一,“沃纳梅克百货公司”(Wanamaker's)开世之先河,在零售楼层安装了“弧光灯”(Arc Lamps)。所谓弧光灯,是“白炽灯”(Incandescent Lights)的前身,通过流经两个碳制电极的电流所产生的电弧发光照明。二十盏弧光灯耀眼点亮,让沃纳梅克百货公司出售的商品沐浴在夺目的光芒之下。商店中心,摆放着一圈柜台,另外一百多个装满货物的柜台以此为中心,呈放射性排列开去,全部处于上述人造光芒的映衬之下。

42

但弧光灯所散发的光芒太过炽烈,相较于百货店,莫如说更适合监狱。即便如此,沃纳梅克百货公司安装人造灯光的消息,依然引发了巨大的轰动。数以千计的参观者纷至沓来,仅仅就是为了开开眼,看看美国首次大规模安装的室内电力照明设施。有人把自己在沃纳梅克百货公司内目睹的灯光狂热地描绘为“宛如被囚禁在玻璃球里的两根碳棒间同时悬浮着二十个小型月亮”。很多人从百货店回来后,确信自己已经窥见到了未来。

让爱迪生印象深刻的,与其说是弧光灯本身代表的技术,还不如说是公众对于沃纳梅克百货公司安装室内光源的超预期反应。弧光灯的工作原理相对简单,主要是让电流通过两个近距离排列的碳极。但其需要面临冒烟,以及臭名昭著的可靠性差等问题。两个碳制电极之间的孤,就是中断的部分,燃烧时的温度超过一千度,加热碳极直至其最终发光。随着碳极不断热耗,其间的距离也要随之加以调整,以保持发光,这就要求对弧光灯进行经常性的日常维护。即便如此,碳制电极的消耗速度依然惊人。

沃纳梅克百货公司所选的弧光灯,由大名鼎鼎的查尔斯·布拉什(C. F. Brush)所经营的公司生产,代表了当时弧光灯的最高制造水准。但爱迪生很快感觉到,弧光灯所代表的技术进路,其实是条死胡同。用电制造人造光源,还存在替代性的技术解决方案——白炽灯——但其本身具有的问题,甚至远超弧光灯。早在1860年,当爱迪生还在大干线铁路公司卖报纸的时候,英国物理学家、化学家约瑟夫·斯万(Joseph Swan)就已经为世人公认发明了人类历史上首盏白炽灯。在斯万设计的原始白炽灯中,需要将电流施加到被密封在玻璃泡中用碳化纸制成的灯丝上。灯丝作为抗拒电流通过的电阻,将电能转化为热能,进而让灯丝发出亮光,或者进入所谓白炽状态。但斯万及后来者所设计的白炽灯无法解决的问题在于,灯丝会在高温下迅速化为灰烬。

43

在斯万的发明问世后的二十多年间,进一步的完善举步维艰,毫无进展,以至于很多人都认为,白炽灯这条路根本走不通。说一千道一万,白炽灯依靠灯丝发光的创意,需要灯丝具备耶和华的使者向摩西展现那样;荆棘被火烧着,却没有烧毁。但这恰恰正是爱迪生最爱挑战的不可能。

从着手伊始,爱迪生的发明计划,就不仅仅局限于白炽灯,还包括能够为电灯以及未来其他电气发明提供能源的整个电力系统。很快他就意识到,自己的最大对手并非若干弧光灯生产厂商,而是当时主导照明市场的煤气公司。如果想要与之决一雌雄,爱迪生就必须想办法将直流电加以分配,从而为每盏灯提供电力。这与煤气公司将定量煤气提供给自己的客户如出一辙。因此,1878 年夏,他选择迈出的第一步,便是拼命学习一切与煤气照明市场相关的知识。

"一年之前,我便曾经就电力照明进行过一系列实验,"爱迪生后来回忆,"但是,因为要全力研发留声机,这些实验被搁置。现在,我下定决心,重新启动这一研究并坚持下去。一回到家,我就开始着手收集有关煤气的所有知识。买下市面上能够找到的所有煤气工程学会学报,以及与煤气相关的全部过刊。掌握大量数据后,我还实地堪查了纽约地区煤气站的分布情况,由此坚定了信心:电力分配问题可以解决,同时也可以投入商业化运营。"

爱迪生本人的实验笔记,其中很多流传于世,写满了诸如“电力还是煤气:作为主要照明来源”之类的标注。更早的一条记载,则标志着这一伟大使命的正式启航,“目标:爱迪生将要一步不差地重走煤气曾走过的发展之路,以期用电力照明取代煤气照明,并将照明完善到可以满足自然、人造以及商业环境等各种要求的程度。”从一开始,爱迪生就确信,未来,煤气应主要被用于加热,而照明的重任,则应落在电的身上。在大量实验笔记中,爱迪生详细记录了与煤气开展竞争所需的全部电工设备,详细到用来记录电力消耗,同时据此向客户收费的电表。他注意到煤气照明亮度较低,期待以此为切入点,开展市场营销活动,将客户从煤气公司争夺过来。“因为燃气后的气味太过不佳,以至于麦迪逊广场剧院为每盏灯都安装了通风管,以带走燃烧后的废气。”爱迪生写道。没过多久,他对煤气行业的了解就已经不逊于任何业内人士了。

44

在为自己的商业策略标定航图的同时,爱迪生还在孜孜不倦地设计可靠的白炽灯泡。在测试了数以百计能够产生电阻的发光物质后,他最终设计出了使用铂丝的灯泡原型。这只灯泡,只坚持亮了十分钟,显然,这种差强人意的表现,尚不足以吸引传统煤汽灯用户转而改用电灯。

对于如此缓慢的进展,爱迪生并未心灰意冷。事实上,反倒让他愈挫愈勇。1878 年秋,虽然自己设计的电灯寿命还只有 10 分钟左右,但爱迪生就已经开始邀请并向纽约各大报纸的记者大肆推销其最新发明。这位鬼才相当清楚如何进行正面报道——毕竟还在大干线铁路公司工作期间,他就曾深入了解过新闻媒体的内幕——记者们十分乐于坐着火车从城里出来,到门罗公园就一件既靠谱又吸引眼球的新闻进行采访。对于这种曝光,与其说是为了满足爱迪生的虚荣,莫不如说是为了吸引来自华尔街的投资客。制造出可以一直点亮的白炽灯,无疑是一场代价高昂的赌博,而爱迪生需要在项目研发的过程中得到实打实的资助。

在接受采访过程中,爱迪生拍胸脯,宣称自己“已经”研发出用电替代煤气的廉价解决方案。现在的问题,仅仅是查漏补缺而已。他曾以记者为对象,组织过几次展示会,这些记者根本没有受过任何电学方面的训练,因此对爱迪生的展示及说明“一见倾心”。例如,见到爱迪生展示的铂丝电灯后,《纽约太阳报》(*New York Sun*)的一名记者简直不相信自己的眼睛:

45

“光,逐渐亮起,冷澈、美丽。”这位记者写道,“铂丝宛如不会融化的熔炉，发出了炽热的白光……闪烁着牛郎星(Altair)般的磷色。但只消将灯泡从灯头上扭下，耀眼的光芒便转瞬即逝。”

上述演示无疑令人印象深刻，但这是因为一切尽在爱迪生的掌控之中。如果不是第一时间就将电流断掉，恐怕铂金灯丝很快就将熔化，牛郎星般的磷光也势必化为乌有。即便如此，简短的演示，还是让爱迪生有底气更为大胆地宣称：他所发明的电灯，给煤汽灯行业宣判了死刑。

“如果能用一台设备制造出十盏电灯，就代表科学技术已经取得了巨大胜利。”爱迪生告诉记者，“通过本人所开发的工序，用一台机器，就可以生产出成千上万盏电灯。甚至可以说，生产的数量是没有上限的。一旦公众了解了电灯的优异性能与低廉价格——可能会是数周后，也可能是我想出彻底保护电灯生产工序商业机密的办法之后——煤气照明的做法，就将彻底遭到遗弃。”

爱迪生的媒体运作收到了预期成效，华尔街的有钱人闻风而动，争先恐后地加入进来。华尔街金融财团的财阀们，诸如当时美国的首富范德比尔特(W. H. Vanderbilt)、摩根(J. P. Mogan)以及西联汇款(爱迪生曾经的雇主)的董事们，共同出资三十万美金，成立了“爱迪生电灯公司”(the Edison Electronic Lights Company)。爱迪生将投资用于自己在门罗公园的科研开发。作为回报,他承诺,将自己在未来五年的任何有关电灯的发明,全部转让给该公司。

资金获得保障后,爱迪生在研发白炽灯方面可谓万事俱备,只欠东风——唯一欠缺的,就是灯本身的技术设计。他最初预计“仅用数周”就能研发出可靠耐用白炽灯泡的观点,最终被证明过于乐观,这位发明家的意志,正在面临严峻的考验。 46

爱迪生砸下血本,让其手下一个堪称世界级的实验室全力以赴,完善铂灯丝。门罗公园实验室的规模持续扩大,在这里工作的机械师、木匠以及实验人员达到了六十多人。大多数像样的实验,都集中在这座长达一百多英尺的建筑物楼上开展。深邃的大厅里摆放着几张长条桌,上面经常堆满实验用具以及工作笔记。大厅的后部,安装了一架管风琴,近乎失聪的爱迪生有时会在这里弹上一会儿。曾有听众后来形容,“技法相当业余”。夜幕降临,落日的余晖透过窗户,投下阴郁的光影,整个大厅看起来像极了疯狂科学家手里的实验室。

紧邻大厅的,是实验室的工坊,在这栋高大的砖砌建筑物里,摆放着一些车床、打孔设备及其他工具。一切可能出现在车间里的机器设备，都按照爱迪生的要求，被安放在特定的具体位置上。因为他喜欢在动手之前，先“看到”自己的发明，因此还特地安装了一台晒蓝机，作为现代制图机的鼻祖，这台机器可以对设计、描绘的蓝图加以复制。除此之外，还设有木工车间，玻璃吹制工棚（制造电灯所需的玻璃灯泡）以及为整个实验室提供动力的汽油机。在研究白炽灯期间，爱迪生和手下员工使用的依然是煤气灯。

整个团队夜以继日地长时间工作，爱迪生本人每晚也只睡几个小时。他对实验认真得要命，但也经常会被某些非常好玩的笑话所打断。曾有助理将爱迪生的笑声形容为“有时甚至不太正常”。听到有意思的故事后，这位发明家往往拍着大腿，乐得前仰后合。虽然甚少饮酒，但爱迪生却酷爱雪茄。工作时，嘴上总是紧紧叼着一根粗大的黑雪茄。因为烟不离嘴，以至于他后来出现了“哈瓦那嘴”的症状，即上嘴唇出现了圆形的内陷。拼命工作，算得上爱迪生唯一的恶习。1871年与他结婚的妻子玛丽，不得不接受跟发明这个“女仆”分享自己丈夫的命运。

47

在爱迪生放言拿出实用的白炽灯仅需两周的承诺到期两个月后，有些人开始怀疑这个家伙是不是有些玩过火了。1878 年 12 月中旬,《纽约先驱报》(*The New York Herald*)曾派出一名记者前往爱迪生的实验室,调查白炽灯研发进展缓慢的原因。记者发现,爱迪生“呆坐在长条木桌旁边,桌子上散落着十几本有关光、热、电的科学书籍,还有八到十组湿电池,以及两台他设计出来用以测试新型电灯泡的设备。这位发明家手托着下巴,趴在桌子上”。

当《纽约先驱报》的记者转弯抹角地询问爱迪生电灯研发进展情况时,发明家依旧十分乐观。

“现在一切皆已准备就绪。起码基本科学原理已经搞清。”爱迪生信誓旦旦,“唯一的问题就是成本,但是可以这样说,毫无疑问,一定比煤汽灯更便宜。电灯又便宜,又好用。”

说到底,爱迪生拿不出什么来证明自己的观点,他的很多敌人趁此机会,将此作为说辞,主张白炽灯仅仅是爱迪生的一种幻想罢了。煤气公司的负责人,眼睁睁看着自己公司的股价在爱迪生的媒体炒作后下跌超过百分之十,这次也跳出来,将这位发明家贬斥为信口开河的表演者,被其说得天花乱坠的白炽灯,只不过是用来欺骗投资者金钱的幌子。一些科学家也认为,电流无法像爱迪生所预计那样加以分流,这样做在科学上站不住脚。

爱迪生对炙热的敌意心知肚明。“必须承认，”他当时写道，“迄今为止，‘学界通说’几乎一边倒地笃信，整个(白炽灯)系统注定失败，毫无可行性，完全建立在错讹理论基础上。但如果可以提醒这些批评者，当年同样在科学界掌握话语权的专家，在亲眼看到蒸汽船、水下或双工电报之前，同样对这些创见嗤之以鼻，应该不能算作失礼。”实用型白炽灯系统之所以迟迟无法投入运营，他认为，“是因为在大规模投入推广实用之前，有太多琐碎的细节问题需要克服”。

48

的确，爱迪生开发的，不仅仅是可供使用的白炽灯本身，他在设计一整套发电、配电的商业网络，是在从零开始创造直流电的运营标准。当然，白炽灯虽然只是这个巨大迷宫的一部分，但却至关重要。没有了灯泡，配电系统将毫无用武之地。

在研发白炽灯的过程中，爱迪生面对两大关键瓶颈。其中之一，便是想办法抽空玻璃泡中的空气，营造近似绝对真空的状态。哪怕只残留万分之一的空气，其中的氧气也将导致灯丝快速耗尽。他先后尝试了多种手摇气泵，但效果都差强人意。最终，爱迪生将希望寄托于当时在英国发明不久的“斯普伦格泵”①,通过水银排除空间内部的气泡。作为最早入手这一设备的美国人之一,爱迪生马上将其投入工作。他和自己的助手开始狂热地用其在灯泡中抽真空,经常一抽就是几个小时。最终,他们终于制造出了一、二毫米的真空。这虽然是向前的一小步,却是迈出的关键一步。

另外的一个挑战,则是寻找到合适的灯丝材料。这种材料必须能够抵御高温——需要在被加热到华氏 1 000 度的时候,仅能微微发红——不仅不会熔化,还要在这个过程中发出稳定、不闪的光芒。寻找理想灯丝材料的过程,正是爱迪生所钟爱的大海捞针式寻宝模式。他尝试过熔点较高的碳,但发现这种材质极易耗尽。至于铂,虽然曾被选作原型灯泡里的灯丝,但价格昂贵,且同样不耐用。一时间,爱迪生的实验室里堆满了来自世界各地千奇百怪的材料,几乎每样材料,都曾被用来做过实验:铬、硼、锇、铱铂合金、钼。(爱迪生曾考量过钨,这种具有高度阻热性能的金属,被广泛应用于今天的白炽灯,但当时尚不具备适当处理该物质的技术条件。)一旦某种物质展

49

① “斯普伦格泵”(The Sprengle Pump)系 1865 年由英国化学家赫曼 · 斯普伦格(Hermann Sprengle)发明的一种抽真空设备,也是当时技术水平最高的真空泵。

现出哪怕一丁点进展,爱迪生都会将其仔细记录在案,并在自己的实验笔记上标注"T. A"字样,即"再试一遍"。

灯丝的材料实验颇为劳神费力,爱迪生必须一动不动连续几个小时紧盯处于白热化的金属。他在1879年1月27日实验笔记中写下如下内容,"因为灯光强度太高,七个小时的工作之后,眼睛已经开始肿痛,不得不退出实验。"第二天的后遗症更为糟糕,"从晚上十点到凌晨四点,眼睛疼得要死,不得不注射了大剂量的吗啡,才勉强入睡。"当天晚些时候,随着药效渐渐消退,爱迪生又写道,"眼睛的情况有所好转,已经不再疼痛,但这一整天,算是彻底泡汤了。"

拜"斯普仁格泵"所赐,玻璃灯泡中出现的近似真空的环境,对于灯丝材料的要求并不严苛。爱迪生重新用铂进行实验,发现在真空环境下,铂材质的灯丝在电流通过时,不仅可以保留电阻,还能维持较高的强度,可以在达到白热化后散发出令人赏心悦目的黄色灯光。铂价格昂贵,但爱迪生认为,可以通过让铂灯丝变薄的方式,减少此类金属的用量。1879年4月12日,爱迪生以改善了真空环境为主要特征,申请了以铂为灯丝的电灯专利。他宣布,寻找通用型白炽灯的工作告一段落。铂灯丝型白炽灯足以照亮世界最黑暗的角落,而其成本,仅为煤汽灯的二分之一。《纽约先驱报》则宣称,“电灯获胜”。

但爱迪生再一次高兴得太早了。一旦情况稍微不如实验室环境,这种铂灯丝的电灯泡就会马上出问题。要不就是铂耗能太大,导致发光不足,要不就是在加大电流的情况下,铂灯丝的状态变得愈发不可靠。专利生效后不久,爱迪生曾向一些投资人展示过铂灯丝电灯泡的发光效果,但结果十分令人难堪,大多数灯泡都在点亮后不久就出现烧断的情况。这些投资人在黑暗中发着牢骚,离开时变得愈发忧心忡忡。

50

电灯表现不佳的风言风语被泄露给媒体,毕竟,煤气行业中的很多人都将自己的饭碗寄托在爱迪生失败的基础之上。爱迪生电灯公司的估价一泻千里,几个月前还曾对其褒奖有加的报纸,现在却充斥着责难与非议。有报道宣称:“现在,真相大白,爱迪生先生的实验面临挫败……这位发明人无法通过调整电流的方式,让自己的电灯多亮哪怕一会儿,他连一次公开展示自己的发明都不敢”。爱迪生终于认识到,自己过去有关白炽灯的所有言论,现在看来都弊大于利。他决定违背本性,对媒体采取回避态度。

“您得原谅我,”他在给一位记者的电报中这样写道(骨子里,爱迪生还是一位报务员),“就电灯说什么,或者写什么，都无法让其获得成功。只有在完工的那一时刻，大众才能切实感知这一发明。因此，在最终成功前，我不会再对此问题发表任何意见。”

爱迪生的投资者们，早已因为电灯研发裹足不前而坐立不安。现在，他又决定对媒体三缄其口，这无疑让对电灯持怀疑看法的人坐收渔利。英国邮政局的总工程师普利斯（W. H. Preece），公开宣称电灯根本赶不上煤汽灯，“电灯在光源分配方面不如煤汽灯，”他认为，“因为驱动发电机的引擎在运行速度上存在变化值，因此电灯的灯光存在不稳定的现象。”电灯所散发的光，普利斯提出，“绝对是 ignis facuus”，也就是说，“鬼火”。

反对声浪的甚嚣尘上，反倒让爱迪生对己方胜出的信念愈发坚决。对他而言，没有什么比证明所谓专家是错误的更令人心驰神往的了。往往只有在被逼到墙角时，他才能够奋力一搏。正如爱迪生在门罗公园实验室的左膀右臂弗朗西斯·阿普顿（Francis Upton）所言，“我时常感觉，爱迪生先生是在有意通过公布尚不成熟的想法等方式，让自己陷入困境，这样，他就有足够的动力让自己想办法摆脱这种麻烦”。

51

回到实验室，爱迪生返璞归真，从零开始。说到底，需要给电灯提供稳定、可靠的直流电。基于这一目的，爱迪生开始设计全新的发电机,这台由钢铁、磁体与线圈组成的庞然大物,被昵称为“粗腰玛丽 · 安”(Long-Waisted Mary Ann),它在将蒸汽转化为电的效率方面达到了令人瞠目结舌的90%。当时市场上最好的发电机,转化率也仅仅约为40%。爱迪生还用不同电压做实验,为自己发明的白炽灯泡供电。他发现,如果电压过大,纤细的灯丝就会因为过热而熔断,如果电压不足,灯光就会出现闪烁的情况。最终,他将照明电压确定在110伏特。而这与目前很多地方的通用电压刚好吻合。事实上,美国、加拿大、墨西哥、日本等很多国家,都采用的是110到120伏电压。

找到合适的灯丝材料,依然是重中之重。爱迪生最终在碳化后的物质方面取得了一些进展,也就是说,使用高温炉烘烤后提取的碳化纤维。在他的工作笔记中,记载了大量灯丝的备选材料,所有都需经过碳化处理:纸板、绘图纸、柏油浸润后的纸张、鱼线、用炭灰揉搓后的棉线、浸过沥青的棉花、椰子的表皮茸毛,等等。在尝试过大约1 600种物质之后,爱迪生终于找到了一个最不可能的优胜者——一段再普通不过的棉线。他将棉线放置在陶制的模子里,再将模子放入烤炉内加以高温,最终,从模子里取出碳化的棉线。如此获得的这种物质,具备爱迪生期待的一切特质:强韧、纤细、高电阻、耐受高温而不熔断。

52

1879年10月21日到22日,爱迪生对碳化后的棉线灯丝进行了不间断的马拉松式实验,而这两天,在电学发展史中堪称里程碑式的日子。爱迪生在工作日志中这样记载,“10月21日——第九号电灯,使用‘科茨公司’(Coats Co.)出品的第二十九号普通棉线做碳化灯丝,于凌晨一点半接入十八组湿电池,亮度为一只半蜡烛。”使用普通棉线加以碳化作为灯丝的第九号电灯,一直亮了十三个半小时才最终熔断,也成为当时爱迪生所有实验中寿命最长的实验灯丝。在此基础上,爱迪生最终发现了一种更为持久的灯丝材料:一种被称为“布里斯托尔纸板”(Bristol Cardboard)的强韧纸张。

这一次,在确定有足够把握向公众展示可以投入实用的电灯之前,爱迪生并未大肆声张。直到最后,他才告诉《纽约时报》,“过去十八个月一直困扰我的问题,已经得到彻底解决”。但报纸对他的这番说辞将信将疑,给出的报道名称为“爱迪生的电灯:对其用途的说辞前后矛盾”。记者在报道中,多少有些不太厚道地将爱迪生描述为一位“五短身材、体态敦实、满手污垢的男人”。

11月1日,爱迪生对使用碳化灯丝的电灯申请了专利,并被赋美国专利号码223898。这一次,灯泡的外观变成了圆形,灯丝的形状则如同马蹄。电灯没有开关,通过在灯座上直接旋扭灯泡的方式进行控制。这一发明,虽然并不是历史上第一盏电灯,甚至都不属于第一盏白炽灯,但却是人类有史以来首盏具备较长寿命、可供使用的白炽灯。这同样预示着电灯时代的正式降临。

此后的两个多月,爱迪生并未向任何报纸披露故事的全貌。最后,他找到《纽约先驱报》,与其合作发表了一份长篇报道,并于1879年12月21日见报。故事还附上了编者按,题目为“爱迪生的大发现:电灯终于问世”。文章形容,爱迪生发明的电灯,散发出“有如意大利秋季落日般温润的光辉”。报道声称,“电灯不会产生有毒废气,不会发出浓烟,更不会散发令人作呕的味道——实属无毒无害,没有火苗,无需火柴引燃,不会发烫,无需氧气,更不会闪烁摇曳,是有如一捧阳光般,实实在在的阿拉丁神灯”。

53

爱迪生发明电灯的新闻,在全世界引发了极大反响。1889年圣诞节过后的一个星期里,数以百计的参观者前往门罗公园实验室朝圣,前来膜拜自己心目中的英雄,人数如此之多,以至于铁路公司不得不临时增加开往此地的班车。到了元旦当晚,聚集于此的人数更是增至数千人。其中,就包括一名《纽约论坛报》(*New York Tribune*)

的记者。他将当时的场景描述为,“晚上八时许,实验室里早已被挤得水泄不通,就连实验室的研究助理们都无法动弹半步。每当有人大叫,‘爱迪生来了’,总会导致人潮涌动,不止一次差点挤破屋顶”。有幸来到门罗公园实验室的参观者,即便对于电灯的工作原理一无所知,也都永远不会忘记电灯亮起的神奇时刻。不止一人询问爱迪生,如何做到在不烧坏手的情况下让电灯泡里的小马蹄发光发热。

对于爱迪生来说,仅用十五个月就制造出实用的白炽灯,绝对算得上压倒性的胜利。这是纯粹天才般创造力的杰作。自此之后,一旦某人提到某种绝妙的点子,他在大众文化中的形象符号,便是头上亮起一盏电灯泡。

但白炽灯之于爱迪生,仅仅是他所谋划的更大计划的开篇之作。这一计划,必将改变整个世界。

5

点亮纽约

“**我**发明的电灯，尽善尽美。”爱迪生宣称，“现在，就是要对其进行实际生产。”

1881 年 2 月，爱迪生从门罗公园迁居纽约市，以实现自己的下一个目标：用电点亮“大苹果”。[①] 他和自己手下的工作人员搬进位于“联合广场”（Union Square）附近第五大道六十五号的一幢四层砖褐色小楼。干净利落的黑色铭牌上刻着金色的艺术字，“爱迪生电灯公司”。

早在爱迪生动手铺设第一根电线之前，“鬼才莅临纽约城”的消息就已不胫而走，引发坊间热议。爱迪生刚刚入住自己位于第五大道的新总部，访客便纷至沓来。“看客围得里三层、外三层。”一位记者这样报道，“而爱迪生，则穿着黑色大礼服，扎着丝质领结，永远叼着一只雪茄，不厌其烦地向观众介绍自己的工作及未来的计划。”

---

① “大苹果”（the Big Apple），纽约的别称，对其由来说法不一，存在诸如“经济原因说”“音乐相关说”以及“黑人移民说”等不同解释。

爱迪生通过发明电报、改良白炽灯、奠定完整的电力系统基础——从而能够生产直流电并将其输送给用户——一直矗立于伟大潮流之巅。现在，已经没有多少人再去质疑爱迪生了，毕竟他的很多大胆预言都已变成现实，尽管在实现的时间点或具体实现方式上，多少存在些出入。虽然没有上过几天学，而且曾经一度对正规教育深恶痛绝，但现在爱迪生却经常被冠以“爱迪生教授”的名头。一些报纸实在找不到对爱迪生这样一位专家如何准确称呼，干脆将其称之为“电学家”（Electro-Scientist）。即便如此，似乎也很难与他相配。

56

很快，爱迪生就给自己增加了“教师”这一头衔。他将位于纽约第五大道的总部五楼，改为一间学校，爱迪生本人负责给五十多名学生讲授基础的电学实践知识。没有课本，没有标准，除了爱迪生自己设定的少数几点之外。事实上，爱迪生的确是在一边向前走，一边制定相关电学规范。直到其生命走到终点，爱迪生和他的团队一直致力于研发一整套环环相扣的复杂技术体系，从而帮助他发明的白炽灯走向市场：开关、电表、插座、电杆、稳压器、地下电缆、接线盒，以及至关重要的中心电站，负责发出直流电并将通过配电网络传输出去。

爱迪生电灯公司的工作人员，开始通过逐户登门拜访调查的方式,寻找潜在的客户群体,他们会询问住户之前使用煤气灯,或者爱迪生公司的人口中所谓“传统灯具”的使用体验。很多人抱怨煤汽灯容易漏气,灯火忽明忽暗,味道刺鼻,气压不稳,等等。巨大的市场机会虚位以待。

爱迪生深知,必须从一开始就让自己的电力系统不出任何问题——煤气公司正等着自己犯下哪怕一点纰漏。如果想让电灯彻底取代煤汽灯,就要首先保障电灯的安全,特别是可靠性。必须在电力系统就位前,尽可能发现并消灭隐患。在门罗公园实验室,爱迪生搭建起大型工作台,模拟配电系统工作。地下埋入长达八英里的电缆,向实验室园区内的六百盏电灯分配电力。这一工作台,使得爱迪生可以在将自己的配电系统推向市场前,发现问题。工程师还需要借此进行经济测算,以确保配电系统在商业上具有可行性。同时,这也满足了喜欢在大规模推广前亲眼看到自己系统的爱迪生的偏好。

但煤气公司的反击,早在爱迪生的电力系统实际建构前,就已悄然展开。煤气行业协会的出版物《美国煤汽灯杂志》(*The American Gas Light Journal*)将白炽灯蔑称为“照亮而非灯光”,同时警告电灯的灯光“对眼睛有害”。杂志还宣称,“欧洲的观察家认为,灯光强度的频繁变化,

57

将会引发瞳孔的剧烈收缩。因此,电灯的灯光不仅会引发肌肉疼痛,还会造成视网膜成像模糊与钝化”。

除此之外,煤气公司还直指电力的潜在危害,翻出了民众害怕雷击之类的老梗。认为爱迪生计划输入用户家与办公室的110伏电压足以引发火灾,造成伤害甚至致人死亡。爱迪生本人因为曾在实验过程中遭遇过若干次触电事故,因此对于电的阴暗面心存敬畏。就是为了减少引发火灾或其他事故的危险,他才决定将电缆埋入地下,而不是架在空中,毕竟头顶上早已遍布电话线与电报线。

为了缓解用户对于电灯这一创新科技的疑虑与担心,爱迪生需要确保他推广的电力系统尽可能地接近既存的煤汽灯系统。就连电灯的亮度,也被设定为十六个标准烛光,与煤汽灯完全相同。白炽灯的开关使用钥匙,也和煤汽灯的打开方式类似。爱迪生的电灯,甚至还被称为“燃烧器”。与此同时,电却不存在像煤气一样的问题,对于后者,爱迪生电灯公司在自己的广告中巨细靡遗地加以介绍,“煤气的弊端包括:释放硫化物,释放氨气,消耗氧气,光源不稳定,存在窒息危险,需要使用容易造成危险的火柴,煤气管道容易泄漏,释放碳酸,释放硫化氢,污染空气,造成色彩失真,过度生热,引发火灾,熏黑屋顶及室内装修,管道冻结,管道积水等”。

爱迪生向市场传递的信息十分明确:电和煤气十分类似,但较之更好,是最新的改良。不存在灯光摇曳不定的现象,没有味道,更不可能爆炸。在爱迪生的描绘中,相较于老派的煤气或煤炭,电力属于一种全新能源,而这一营销策略,贯穿了整个二十世纪,例如爱迪生所成立的公司,就曾以全部电气化的厨房作为自己的推广噱头。

58

在建设电力系统的同时,爱迪生依然坚持不懈地改良白炽灯。他总共测试了不下六千种植物作为灯丝的备选材料,同时遍访全球寻找理想的白炽灯丝。他的一名代理人,曾担任教师的詹姆斯·里卡尔顿(James Ricalton),就被派到亚洲,用了整整一年的时间,寻找一种可能用作灯丝材料的珍贵竹纤维。

"我立即向爱迪生先生报道",里卡尔顿回忆自己返美后,"而他欢迎我回来的方式,和他派遣我出发时一样,言简意赅,实事求是。他微笑着,伸出手,说出了四个简单但颇具意涵的英文单词,'Did you get it'(你搞到了)?"

里卡尔顿带回的竹纤维,后来证明并不管用。但这种挫折在爱迪生看来,只不过是又让自己更加接近正解的一小步而已。最终,他选定,使用从一把扇子上拆解下来的竹纤维作为灯丝原材料,使用这种灯丝的白炽灯寿命,达到了1 200小时,而之前用纸板作为灯丝材质的灯泡只能维持10到15小时的工作时间。

在实验竹纤维的过程中，爱迪生发现，灯丝点亮数小时后，灯泡内部就会出现碳化残留物的黑点。这一现象堪称奇怪。即便在真空环境下，灯泡内的碳依然会出现移动。而且，碳残留似乎来自接入电流正极的灯丝一端，这意味着其携带了电荷。如果是这样的话，就表明电力不仅通过灯丝，还可以通过灯泡内的真空加以传导，而无需导线。

对于这一奇异现象，即便爱迪生曾经设计过一个三电极的灯泡，以收集、评测这一神秘电流，但最后并未给出解释。1883年，爱迪生对于这只三个电极的灯泡申请了专利，但对这个专利究竟可以发挥何种作用仍然毫无头绪，不久，他就投身于新的实验当中。

59

当时，爱迪生还无法认识到自己这个发现的重要意义，但真空环境下白炽化金属释放的电子所出现的奇怪流动，被后人称之为“爱迪生效应”。他误打误撞，其实已经触及了后来成为二十世纪广播、电视至关重要的组成部分——电子管(the Vacuum Tube)，在更小、更廉价、更耐用的晶体管(Transistors)取而代之前，电子管一直是电子世界的主力军。但和本杰明·富兰克林一样，爱迪生奉行的原则是，只有可以立即投入实用的发明才是重要的,于是,他将电子管这一伟大发现搁置起来,继续研发自己的电力系统。

该系统的核心组成部分——爱迪生流的白炽灯——早已获得成功,面世后的头一年,这种白炽灯的销量就高达四万个。但爱迪生非常老道地赔本销售,旨在主导电灯市场,他的目标绝非眼前的蝇头小利。1881 年,生产一个白炽灯的成本高达 1.1 美元,但爱迪生定下的销售价格仅为 40 美分。第二年,他将白炽灯的生产成本控制在 70 美分左右,但仍然坚持以 40 美分的价格出售。到了运营的第四年,每个灯泡的生产成本终于降到了 37 美分左右,这让爱迪生一举扭亏为盈,仅用一年,就弥补了之前三年的全部损失。这种精明的做法,建构起一种可自给自足的市场垄断地位。

随着电灯生产步入正轨,爱迪生开始集中攻克下一目标:在纽约市建立一座发电站。在第五大道总部的墙上,挂着一幅硕大的曼哈顿区地图。爱迪生则像一位大战在即的将军那样,仔细审视揣摩。理想状态下,发电站应当靠近愿意购电的商业区,同时所在区域的地价还应相对低廉。但试水纽约市不动产市场后,这位来自小地方的发明家不得不让自己的头脑暂时冷静下来。

“原以为可以在沿着河堤的贫民区找到价格十分低

廉的物业,”爱迪生后来回忆,“于是就选择了其中最为破败的街区,结果发现,我手里的钱,只够在这里购买两栋门脸25英尺左右、纵深分别为100英尺及85英尺的两幢建筑。本来想着每座房子10 000美金就可搞定,结果卖方要价分别为75 000及80 000美金。这就迫使我改变最初的计划,最后决定向上发展,只有这样才能降低成本。于是,我尽可能地利用土地面积,使用建筑钢材搭建发电站,让其高高矗立起来。”

60

最终,爱迪生敲定,买下位于曼哈顿下城,距离东河(East River)两个街区,坐落于“珍珠大街”(Pearl Steet)这条破旧大道上的一幢建筑。在某种意义上,这里似乎不宜作为首个通电的纽约城区。这一区域集中了许多办公楼和小商铺,住宅区很少,因此,大部分的电力消耗都只能发生在白天。但华尔街恰好位于这一地区,这里可一直是爱迪生念兹在兹的重要所在。他希望向华尔街的投资家证明,自己设计的电力系统将会带来滚滚财源。对于这些目空一切的家伙来说,没有什么比让他们亲眼目睹自己的垄断神话被“点亮”更能吸引他们注意的了。

1881年8月,爱迪生选址于珍珠大街255—257号,动手让全美国第一座发电站拔地而起。他所设计的110伏电力系统,可以为方圆一英里范围内的区域提供电力,而这,也是单一发电站的供电极限(理论上,如果使用更粗口径的铜线,输电距离还可以更远一些,但高昂的成本使得这一计划变得极不现实)。最终,爱迪生决定的供电范围,以珍珠大街发电站为中心,向方圆半平方英里辐射。

珍珠大街的建筑需要改装,以支撑发电机的巨大重量。四台巨大的燃煤锅炉被安置在一层,从而为带动发电机提供高压蒸汽。地下室则塞着输煤及运渣的传送装置。发电机则被安装在二楼,并因此特地用粗壮的房梁替换了之前的地板。在四楼,爱迪生安装了 1 000 盏电灯,用来测试发电机的工作情况。

在曼哈顿下城敷设地下电缆,被证明是难度最大,同时也是成本最大的一项工作。必须挖开道路,开掘壕沟,再将装有绝缘电缆且用沥青密封的管道埋下去,工程浩大,费时费力。当时纽约市政府肆虐的腐败现象,进一步提高了项目成本。爱迪生曾说:“当我在纽约市铺设地下管道时,办公室接到纽约市工务局局长的通知,要求我必须在特定时间到他那里报道。我和另外一个人一同前往拜会工务局汤普森局长先生(H. O. Thompson)。一见面,他就对我说,‘你正在铺管,但工务局要求你必须雇佣五名监理,每人日薪五美元,每周末一结。再见’。离开

61

时,我有些沮丧,心里想,日夜赶工,着急完成的施工恐怕会受到监理的阻挠干扰。我们苦苦等待监理们露面,但他们却只在周六来领薪水时才会出现。"

珍珠大街项目不断出现新问题,其中最为严重的,莫过于如何想办法发足够的电。当时还没有一台发电机能够为纽约市哪怕半平方英里区域供电。爱迪生最终决定,推出以巴纳姆(P. T. Barnum)①经营的马戏团里的那头大象命名的"珍宝发电机"(Jumbo dynamo),重达27吨,可以发出100千瓦的电力,可以同时为1200盏白炽灯供电。这台发电机体态臃肿笨拙,个头足有当时任何一台发电机体积的四倍。而在珍珠大街发电站,这样大小的珍宝发电机,总共安装了六台之多。1882年的整个夏天,爱迪生都在和自己的手下对其进行严格的测试。

"定子及转子产生出十分恐怖的震动,"爱迪生回忆,"有时候发出的是低沉的巨大呻吟,有时候发出的则是令人厌恶的尖叫,到处都充斥着五颜六色的电火花。感觉就好像地狱之门突然被打开一样。"

最终,爱迪生的电力系统终于做好了登场的准备。

---

① 菲尼尔斯·泰勒·巴纳姆(Phineas Taylor Barnum),1810年7月5日—1891年4月7日,美国政治家、表演家,以其所经营的马戏团闻名于世。——译者注

62

1882年9月4日,下午三时,珍珠大街的巨大发电机开始运转,开始通过地下电缆,将110伏特直流电输送,给爱迪生于开幕式当天签下的59名客户。

次日,《纽约先驱报》报道称,“昨晚,下城的商店与业户亮起了奇怪的灯光。之前摇曳不定,经常熄灭或者因为灯罩污渍而大打折扣的煤气灯,被一种稳定、柔和且明亮,足以照亮屋内,并从窗户宣泄出来的光所取代”。

电灯项目的金主之一,摩根公司的办公室,是首批被电灯点亮的客户之一,爱迪生当着摩根先生的面,点亮了这里的电灯。《纽约时报》则是另外一家有影响力的开幕式签约客户。该报在报道中这样描述自己改用电灯的过程,“不到晚上七点,天已经擦黑,此时,电灯证明了自己的明亮与稳定,并因此流芳于世”。报道还说到,“在电灯的灯光照耀下,一个人即便伏案再久,都不会感觉自己是在人造光源下工作。灯光柔和、温暖,不伤害眼睛,感觉就好像是在日光下写作,灯光没有出现任何闪烁的情况,散发的温度不足以达到让人头疼的程度”。

这不仅仅预示着电力,更预示着电力产业时代的到来。而这时的美国似乎还没有做好迎接其到来的准备。当时,仍然是马车的时代,电报的时代,七层“摩天大楼”的时代,室内仍然需要通过煤气或木材取暖,通过蜡烛或汽灯照明。但似乎一夜之间,就进入到了新世界,电这种看不见的力量,不仅可以胜任上述所有工作,而且还能干得更好。电,加快了日常生活的脉动。爱迪生后来的下列陈述,绝非妄言:“珍珠大街发电站的启用,标志着人类文明结束了一个时代,开启了另外一个纪元。”

在珍珠大街发电站投入运营的几个月时间里,爱迪生并未向用户收取电费。对于一个企业来说,在没有找到准确衡量用电消费量,或者至少没有让客户满意之前,最好的做法就是无偿供电。爱迪生最终不走寻常路,开发出以化学方法衡量用电量的计量设施。爱迪生设计的电表,由一个装有硫酸锌溶液的小罐,以及插在里面的两块锌板组成,这一装置被安装在客户电路的分路上。电流通过小罐时,金属就会从正极分解出来,并在负极上面形成堆积。每个月,由专门负责的工作人员上门取回负极,将沉积物清洗下来,并在实验室的天平上称重。这种锌板上的重量差,就成为客户消耗电流的计算根据。因此,世界上第一块电表,不是看的,而是称的。

63

爱迪生设计的这种电表,堪称急就章,只需要很少一队人马负责每个月上门取回锌板并称重即可,但这也导致很多客户质疑电表的准确性。但作为爱迪生所设计的电力系统的重要组成部分,电表可以让客户严格按照自己的用电量缴纳电费,而这与客户缴纳煤气费别无二致。1883年1月18日,史上第一份电费催款单被送至安索尼亚铜业公司(Ansonia Brass & Copper Company),总计50.40美元,当然,这也同样催生了史上首份电费收缴投诉。

爱迪生所设计的电力系统,在一开始当然不会毫无问题。雷雨天,电灯与周围线路冒出电火花稀松平常。地下埋藏的电缆绝缘层经常出现破损,漏电通过周围的土地传导,会电到在上面行走毫不知情的路人。爱迪生曾谈及一次较早时候出现的事故:“珍珠大街发电站开始运行后的一个下午,有位警察慌慌张张地跑来,要求我们立即派一名电工到“安大街”(Ann Street)与“拿骚大街”(Nassau Street)交汇处,出事了。我和另一个人赶了过去,发现那里,包括临近的街道满是看热闹的大人孩子,挤得水泄不通。我们公司的几个接线盒中有一个出现漏电,因为它与街道下面的土壤连接,表层土壤变得绝缘,而强大的电流则通过表层下面的湿润土壤加以传导。一匹途经这里的马匹,遭遇了强烈电击。当我赶到时,马夫牵着这批一瘸一拐的马正好迎面走来,结果有个孩子告诉他,到路的那面去走,而那里正好就是漏电的地方。马夫闻听此言,立即走了过去,结果这匹可怜的马再一次踩

64

个正着,一下子被电得鬃毛倒立,前脚离地,围观者发出哄笑,连警察都是如此。这匹马随即跑走了。到后来,情况变得愈发严重,警察不得不清场,同时要求我们断电。我们调来好几组人,连续切断了好几个分电器的电路,最终解决了漏电的问题。在场的一个人,第二天找到我,希望我能够在他卖马的地方安装类似的装置,他说这可以让他大赚一票,因为这样就可以让劣马待在装置里面,让人看起来好像特别训练有素。”

爱迪生费尽苦心,强调自己设计的系统具有安全性,弱化他通过道路送入用户家中的110伏直流电所具有的危害。“爱迪生发明的发电机产生的电流,对生命、健康及人员没有威胁。”爱迪生公司发行的一份出版物宣称,“电流强度十分微弱……事实上,甚至可以用手加以触摸”。但这只在最佳的条件下才是真实的。如果接触到绝缘不良的电缆,诸如里面的电极,那么接触者很可能遭遇致命的电击。如果站在水坑里这样做,无疑会当场毙命。50伏直流电就足以置人于死地。

但公众显然无法获知此类技术问题——甚至没有几个人能够说清楚电究竟是什么。曾在爱迪生最早设立的发电厂担任经理的詹克斯(W. J. Jenks)曾回忆,在其引领两位衣着得体的女士参观发电站时,“邀请她们进来后，首先带她们来到锅炉房，让她们参观了煤堆，解释如何用其在锅炉中产生蒸汽。”之后，“带她们来到发电机房，讲解如何利用蒸汽发电，并将电传送至电灯。最后，让她们参观了衡量用电量多少的电表。她们似乎对此颇感兴趣。我接着试图向她们对比说明用煤生产煤气，与用煤烧锅炉发电的不同。两位女士对此表示了感谢。参观即将走入尾声。就在她们要出门的时候，其中一位转回头对我说，‘我们对于本次参观印象深刻，但还是想问您一个问题，你们到底在这里生产什么？’”

65

在推动用现代化的电力取代煤气的过程中，爱迪生特别注重为有钱的世家供电。事实上，早在珍珠大街发电站投产之前，他就在诸如摩根家族以及范德沃尔特家族的豪宅里为其安装了小型的发电机以提供照明及电力。爱迪生公司出版的杂志则表示，为客户更换损坏的电灯泡，乃是公司的基本处世哲学与礼仪之道。将电与富裕生活联系起来的市场营销，极大迎合了工业时代蓬勃发展的中产阶级的内心需求与憧憬。即便没有范德沃尔特那般富有，但依然可以像他那样用电灯照亮自己的家。对于这种需求当然不能等闲视之。很快，纽约很多显赫一时的饭店及公寓，都改弦易辙，将煤气灯更换为电灯。

即便如此，珍珠大街发电站依然连续亏损了好几年，主要是首次筹建的成本太过高昂,算上地价,达到了三十万美金。另外,还有其他不断产生的成本费用,例如需要大量的煤炭才能填饱巨大的锅炉,从而产生蒸汽供发电机发电。直到第三年,珍珠大街发电站才业绩翻红。

但爱迪生却对这几年的亏损毫不在意。他正在紧紧抓住尚在襁褓中的电力市场,建构起一种只有他才能满足的商品需求。正如爱迪生电灯公司 1883 年业绩年报中清楚载明的那样,“爱迪生的专利,作为一个法律问题,不仅能够让我们公司在白炽灯领域获得垄断,而且在专利之外,我们公司的起步也远远领先于他人……这就使得我们这个行业本身足以让我们处于垄断地位。”

66

唯一的竞争对手,远在欧洲,而那里的电力市场,选择的是一条截然不同的发展道路。1882 年,法国科学家卢森·高拉德(Lucien Gaulard)和其英国籍合作伙伴约翰·吉布斯(John Gibbs)一道,为一套完全不同于爱迪生所设计的珍珠大街发电站的配电系统,申请了专利。

高拉德-吉布斯的设计,最核心的部分在于创新性的变压器,相较于法拉第于半个世纪前的设计,更为先进。因为这一变压器可以在配电过程中增大或减小电压,因此获得了良好的灵活性与适应性。1884 年,高拉德-吉布斯配电系统在意大利的都灵进行了一次国际展示,成功将电流送至展示所用的建筑。

高拉德-吉布斯配电系统和爱迪生的设计存在另外一处不同,其所分配的电力是交流电,即 DC,而非直流电,即 AC。

虽然都是电,但直流电与交流电发电及输电的方式截然不同,因此具有截然不同的属性特质。在爱迪生的直流电系统中,电流的运动方向唯一,即直接从珍珠大街的发电机,被传输至用户家的电灯泡。而在交流电系统中,电流不仅从发电机传递至电灯泡,还会从电灯泡传回发电机,如此循环往复,每分钟重复数十次。交流出现的原因,在于交流发电机的工作原理,即用一根磁极不断颠倒的导线切割磁场而产生电能。

交流电,虽然电流方向会发生多次改变,但在点亮灯泡的效率方面,丝毫不逊于一根筋的直流电。这是因为电流速度过快,以至于灯丝对于电流方向的改变不敏感。两种方式,都可以让电灯发光。

电流可以改变方向这个概念本身,绝对与一般人的直觉相互冲突,因此爱迪生第一次听说交流电时,并未把其当回事。“他们是如何让电流方向发生改变的?”据说爱迪生曾这样问到。很难具体刻画电线中电流来回反复的样子,对于青睐具体视觉的爱迪生,显然没有耐心这

67

样做。

爱迪生的唯一使命，就是让自己的直流电系统遍布美国的城市与乡村。在珍珠大街发电站开始运行并进入正轨后，爱迪生开始出租自己的技术，在其他地点兴建发电站。通过技术出租，爱迪生可以获得相关公司的红利，而不用担心该公司经营是否良好。即便如此，依然很难满足对于电力的蓬勃需求。到了1884年，已经建起了十八座参考爱迪生设计的发电站，为包括芝加哥、波士顿、费城及新奥尔良在内的各大城市供电。

仅仅数年，爱迪生就从无到有，建立起了一个庞大的电力帝国。现在，电线中的天使正在按照他的节奏翩翩起舞。无比巨大的电流得以释放，看起来，似乎将永无止境地奔腾下去。

6

是特斯拉

1884 年夏日里明媚的一天。一位陌生人穿过第五大道六十五号的大门,作为一名新雇员,向爱迪生报道。这次会面乏善可陈,这位陌生人却非同凡响。

爱迪生仔细打量这位新人:个子高挑,头发暗黑,身材单薄,眼袋黑大得宛如浣熊。来访者和爱迪生一样,眼眸灰蓝,但目光中,却隐隐显现出异于常人之处,这种孤傲的神情,在走进爱迪生办公室这扇门的大多数看似干练实际的人当中,难得一见。陌生人递给爱迪生一封推荐信,自报家门,宣称自己名叫尼古拉·特斯拉(Nikola Tesla),塞尔维亚人,之前曾在位于法国的"大陆爱迪生公司"(the Continental Edison Company)担任工程师。对于特斯拉来说,单就与爱迪生同处一室,就足以成为其人生中最让自己热血沸腾的经历。

"这次面见爱迪生,是我人生中值得纪念的事件。"特斯拉后来回忆,"对于这样一位毫无之前的铺垫,没有接受过科技训练,但却取得如此成就的伟大人物,我一直深感敬佩。我之前曾习得了几门语言，醉心于文学艺术，将自己最好的时光花费在图书馆……但现在，我感觉自己的大部分生命，都被挥霍了。”

正与负。二者本质截然不同，针锋相对的程度，丝毫不输珍珠大街发电站中发电机的电极。二十八岁，心怀理想的年轻移民特斯拉，渴望在这片新世界闯出自己的一片天。爱迪生只比他年长四岁，但二人的年龄差却似乎远不止如此。前者的头发已见斑白，眉毛浓密如刷，从额头突兀出来，宛如船首。手下人，早已经开始称之为“老爷子”。

70

特斯拉酷爱数学与抽象思维；爱迪生则对算数深恶痛绝，更喜欢在易被可视化的问题上下自己的工夫。井井有条，超级理性，使得爱迪生可以在经营庞大生意的同时，还能同时应付数以十计的发明创造。而特斯拉的心思快如闪电，洞见卓然，非人所测，漫无边际。长期以来，爱迪生养成了市井性格，废话很少，很讨公众喜欢。特斯拉则显得有些一根筋，动辄甩脸走人。

异极相吸，在电学中，尤为如此。虽然满打满算，特斯拉为爱迪生工作的时间尚不足一年，但这两位却因为命运的鬼使神差，以及电的直流与交流之争，被永远牵绊在一起。

尼古拉·特斯拉诞生之际恰逢午夜子时，由此也引发了诸多传说。1856年7月9日之末、7月10日之初，在克罗地亚一个名叫“斯米连”(Smiljan)的村庄，一个男婴呱呱坠地；仿佛连时间也为特斯拉降临人世所折服，他出生的时间恰好分割了新旧两天。特斯拉的父亲是当地塞族人所信奉的东正教的神父，从一出生，特斯拉就被寄予厚望，长大以后能够从事神职。他后来回忆，未来担任教士的期许，就好像钉在头上的一捧乌云，挥之不去。

特斯拉天赋异禀。从很小开始，奇异的映像就会时常不期而至。这些难以解释又不请自来的图景会突然出现在特斯拉眼前，终生制约着他对于现实对象的看法。后来，特斯拉曾这样形容自己所遭遇的境况：“少年时代，曾饱受幻想的折磨，这种情况通常发生在雷电交加的时候，会模糊我对真实物体的感知，干扰我的思维与言行。一切映像，绝非虚幻，都是我曾经真实所见。这个时候无论说什么，都会转化为生动的映像，出现在眼前，以至于我经常分不清自己看到的到底是不是真实的物体。这也使得我十分不安，倍感焦虑。”

为了让自己摆脱这些烦人映像的困扰，特斯拉试图用其他视觉感受取而代之。但这种解脱往往转瞬即逝。特斯拉发现，用新形象填充自己内心不断滚动的图景，让

71 人疲于奔命。他后来曾抱怨,只要一闭眼,眼前就会出现闪电模样的菱形图块。

除此之外,特斯拉还罹患现如今被称之为"强迫症"(Obsessive-Compulsive Disorder)[①]的精神障碍。终其一生,强烈的洁癖都迫使其开发出一整套复杂的仪式性程序,从而减轻自己对于不洁的担心。特斯拉竭力避免与他人握手,一旦看到有人接近,就会把手背到身后。如果有人趁其不备,迫使他不得不握手致意,特斯拉也会抛下客人,冲进洗手间,反复洗手。劳动者用脏乎乎的手进食,会让特斯拉反胃。如果在饭馆里进餐,特斯拉会要求为自己铺上新的台布,且不允许其他客人与自己同桌而坐,同时,他还会要求对自己的餐具消毒,即便如此,之后还会再用至少两打餐巾反复擦拭杯盘。如果进餐时恰巧飞过一只苍蝇,特斯拉马上会跳到另外一张餐桌后面,并将刚才的那套仪式性清洁步骤,重新再来一遍。特斯拉看不了物体的圆滑外表,特别是珍珠。如果看到有佩戴珍珠项链的女士出现在饭店,特斯拉一定会夺门而逃。

"特斯拉并非不知自己癖好怪异,"曾担任特斯拉助

---

① "强迫症"(Obessive-Complusive Disorder),简称 OCD,焦虑障碍型精神疾病的一种类型,主要临床表现为强迫思维与强迫行为,有意识的强迫和反强迫并存,二者的强烈冲突造成患者的焦虑和痛苦。

理，后来还为其撰写过传记的约翰·奥尼尔(John O'neill)这样写道，"他对此，特别是因此给自己日常生活带来的困扰，心知肚明。然而，这些又都是特斯拉不可分割的组成部分，就好像左膀右臂一样，根本无法切割。这或许是他孤栖生活方式的结果，或者根源之所在。"

特斯拉的内心狂放，性格反复无常，原创力极强。幼年时代，特斯拉就一直秉持后来成为自己人生主旋律的某种冲动：驾驭自然力，并使其为自己所用。他最早的实验就包括将几只金龟子放在一根细木轴上，虫子脚的运动由此传导至一张大圆盘，带动其旋转。这就是特斯拉发明的首部"发动机"。

很早，特斯拉就深深痴迷于电学。有一天，他在抚摸爱猫的时候，突然发现皮毛顶端出现了微弱的电光。"父亲告诉我，这没什么大不了的，只不过是电而已，和雷雨天树梢枝头上出现的一样。"特斯拉曾这样回忆，"但我的母亲似乎有所警觉。'不要再和猫玩啦，'她说，'这小子没准会引发火灾。'但我当时正在神游八表。难不成自然是一只大猫？如果真的是，那么是谁抚摸了猫背而引发闪电呢？只能是上帝。我断定。个中滋味，对于孩提时代的我来说，委实妙不可言。日复一日，我都在自问，电到底是什么？但却依然一头雾水。"

72

为了更好理解电的本质，以及发电原理，特斯拉对自己就读的学校用来展示的商用型电机进行了仔细研究。他甚至还曾自行搭建过水轮机，并将其安装在本地小河上，趣味津津地观察水轮机的运行。

"我叔叔认为这种爱好一无是处，不止一次对我横加斥责。"特斯拉回忆，"我当时对别人所描绘的尼亚加拉大瀑布心驰神往，曾想象过用其落差推动水轮机。我告诉叔叔，总有一天我会去美国，实现这一计划。"

特斯拉的叔叔闻此，一笑了之。但他不知道，30 年后，被自己嗤之以鼻的这位男孩，将会梦想成真。

和很多天生的发明家一样，特斯拉在学校的成绩不尽人意。但他在数学计算方面却十分擅长，以至于老师经常怀疑这个无需动笔就可以解出复杂数学难题的学生是在作弊。语言对特斯拉来说似乎也可信手拈来，除了母语塞尔维亚-克罗地亚语之外，他还学会了德语、希腊语、意大利语、法语以及英语。

十五岁时，特斯拉进入克罗地亚卡尔洛瓦茨(Karlovac)当地的大学就读，仅用三年就完成了原本需要四年的学业。1875 年，他进入位于奥地利格拉茨的理工大学[1]就读。在这里,特斯拉遇到了自己最喜爱的教授之一,该院物理系主任,德国籍教授雅各布·珀施尔(Jacob Poeschl);他思想开放,办事井井有条。珀施尔的特立独行,与特斯拉有得一拼,据说他的外套二十年都没有换过。但他让特斯拉敬仰不已之处,乃是在细节追求方面孜孜不倦。"我从未见过他在哪怕最细微的言行之处有所不妥,他的实验展示,宛如钟表行走那般精确无误。"特斯拉回忆。

珀施尔当时从巴黎带回来一台小型直流电发动机,用来向自己的学生展示直流电的不同作用效果。一天,发动机出现了故障——铜质电刷与"换向器"(Commutator)[2]无法继续接触,并释放出电火花。 73

电刷与换向器,是直流电机的核心部件。二者形成的转换机制,确保转子每转一圈,电流反转两次。这样,相斥的南北磁极就会确保转子持续运转,从北到南,从负到正。如果转换时机不对,电刷就会发电,发动机继而丧失动力,彻底停摆。发动机的工作负担越重,这一问题就

---

① 这里所指的是建立于1585年的格拉茨理工大学,现在格拉茨大学(University of Graz)的前身,该校历史悠久,在奥地利乃至欧洲享有盛誉。

② "换向器"(Commutator),是直流电机上的重要部件,由几个接触片围成圆形,分别连接转子与电刷,用以保证电流换向,让电动机持续转动下去;俗称整流子。

越突出。

在特斯拉看来,换向器的设计本身就缺乏效率——他认为简直有违天理。因此,在课堂上,他提出,安装一台没有换向器的发动机。珀施尔教授耐心听完了这位天才弟子的高见。等他说完后,教授提高嗓音,公开表示这个点子根本行不通,并用接下来的整节课,一一细数特斯拉设计中违背物理学基本原理的种种不当之处。"特斯拉先生将会极有成就,但却根本不可能做出这样的东西。"珀施尔宣称,"他的想法和永动机一样,根本无法实现。"

起初,面对教授的驳斥,特斯拉开始有些气短。但很快,他就又开始琢磨,难道这个想法当真根本不可行?跟后来的很多次那样,特斯拉决定,相信自己的直觉。

"我暂时还无法描述这种内心确信,"特斯拉回忆道,"但的确是通过被我称之为直觉的方式——因为没有更好的名称加以表述——传递给我。我们的大脑中,一定存在某种细小的神经,能够让我们感知无法通过逻辑教育获得的真理……我当时从事这一项目,完全基于年轻人的满腔热忱与无比信心。对我来说,这只是一种检验自身意志力的手段。我根本就没想过可能遭遇的技术难题"。

特斯拉开始将自己可怕的抽象能力应用于研发任务。发动机的设计蓝图,在他的脑海中不断闪烁。他在头脑中,将机器设备加以组装、分解、再组装。

“首先,我在脑海中描绘出一台直流电机,让其开始运转,然后追寻转子中电流的方向改变。”特斯拉说,“接下来,我会再想象一台交流电机,并以同样的方式调查其运转过程。最后,我会用形象思维对比发动机与发电机,并以不同方式在虚拟世界里加以操作。” 74

这种视觉体验,逼真得仿佛触手可及。特斯拉可以藉此在内心建构起整个世界。在格拉茨理工大学的大部分时间里,他都在醉心于电动机的研发工作。“当时,我几乎以为,这个问题是不可解决的。”他后来说。

1880 年,特斯拉移居至布拉格,在该市电话公司谋得了总电气师的职位。一天傍晚,在城市公园散步时,面对如血残阳的壮阔景色,特斯拉凝望良久。此时,太阳对他来说,就好比一涡巨大的能量球,一个狰狞的旋转的磁场。他的心头,不由浮现起歌德在《浮士德》中写下的名句:

我日常也每有胡思乱想的时候,
可是这样的冲动我却不曾感受。
我眺望着森林原野立可欢愉,

> 我倒从不羡慕那飞鸟的羽翼。
> 精神的快乐又另外是一种方向,
> 从此书飞到彼书,此章飞到彼章。[①]

这是神的喻示(Epiphany)。[②] 特斯拉说,“灵感宛如闪电般击中了我,瞬间,真相就摆在我的面前”。他马上捡起一根树枝,开始在沙地上绘制草图。而草图所蕴含的开创性设计思路,也成为1888年5月特斯拉所获专利的基础。

特斯拉最终拿出的,是完全摆脱换向器,从而极大提升效率的感应式电机。这种电机不再需要电刷持续与金属接触以改变转子的磁极,相反,是通过磁极本身的转动驱动电机——灵感来自于特斯拉在布拉格欣赏黄昏落日时对于旋转磁场的臆想。将两组线圈以直角设置后,通上交流电,就会驱动磁极旋转。感应电机堪称奇迹,无需任何活动的电器接触,仅仅凭借无处现行的神秘磁场驱动运行。而这恰恰是从自然中捕捉到的简约之美,是特

75

---

① 此处译文,援引自〔德〕歌德:《浮士德》,郭沫若译,人民文学出版社1954年版,第54页。

② 日本知名作家村上春树曾说,英文中有一个词儿,叫epiphany,翻译过来,就是“本质的突然显现”,“直觉地把握真实”这类艰深的文辞。说得浅显些,其实就是,“某一天,什么东西突如其来地闪现在眼前,于是万物为之面目一变的感觉”。参见〔日〕村上春树:《我的职业是小说家》,施小炜译,南海出版公司2017年版,第30页。

斯拉永不枯竭的灵感源泉。

特斯拉所设计的交流感应电机,意味着可以更为直接地利用电能驱动电机运转。不再需要容易磨损或跳电的电刷,也不再需要碍手碍脚的外部转向器。通过旋转磁场的快速转换,特斯拉电机可以直线加速,可以瞬间停止,更可以按其他方式迅速旋转。这样的设计有如神助,难怪后来很多科学家或电气工程师都会慨叹,为什么自己没有想到。

1883 年,特斯拉初步组装出一台原型电机,从而亲眼目睹了可以在不借助转向器的情况下通过交流电驱动电机做功。由此,他更为坚信自己选择的进路是正确的。不过,当时他无法筹到足够的资金组装出一台更为合适的原型机。

这时,特斯拉进入到位于巴黎近郊的"大陆爱迪生公司"就职,这间法国公司购买了爱迪生的专利,主要为欧洲市场生产发电机、电灯以及发动机,并逐渐走进了查尔斯·巴彻勒(Charles Batchelor)的视野。作为爱迪生的资深助手以及大陆爱迪生公司的经理,巴彻勒积极游说特斯拉前往美国,直接为爱迪生效力,并亲自为这位年轻的电气工程师撰写了推荐信。1884 年夏,特斯拉乘船抵达纽约,在登陆申报时,身上别无一物。他的所有价值,都蕴藏在大脑里。

特斯拉前往位于第五大道的爱迪生总部拜见这位发明家,从而有机会当面递交巴彻勒的推荐信,据说,这封信写道,"我认识两位伟大人物,您(爱迪生)是其中之一,另外一位,就是站在您面前的这位年轻人"。但更有可能的是,推荐信仅仅对特斯拉的专业技能打了包票,而不会将其与创造出小灯泡与留声机的这位大发明家相提并论。

无论如何,爱迪生都算不上轻易能够为他人意见所左右的人。在他看来,评价一个人的标准,就是其是否有能力把工作做好。他分配给特斯拉的第一个任务,是修好当时美国速度最快的汽船"俄勒冈号"(S. S. Oregon)① 上安装的照明用发电机。因为它发生故障,耽误了船期,已经开始给爱迪生及其设计带来了不好的负面影响。结果,特斯拉用了一晚上,就将两台失效的发电机修缮如初。当特斯拉向爱迪生报告,自己刚从俄勒冈号返回,问题全部解决时,爱迪生盯着特斯拉看了一会儿,一言未发便离开了。后来特斯拉听说,爱迪生对他的评价是,"这小子真是把好手"。

76

---

① 这里的 S. S.,一般认为指代 screw steamer,即使用螺旋桨推动的汽船。当时还存在 P. S.,指代 paddle steamer,即使用轮桨驱动的汽船。

“不出数周,我就赢得了爱迪生的信任。”特斯拉回忆称。他因此获得了异乎寻常的自由,将多得令人发指的时间投入在直流电机及发动机的研发上面。在几乎一年的时间里,特斯拉的日常工作时间,从每天上午十点半,一直持续到次日凌晨五点。有一次,爱迪生将特斯拉叫到一边,用尖锐的声音对他说:“我手下有很多任劳任怨的助手,但没有一个能够超过你”。这话从爱迪生嘴里说出来,实属最高褒奖。

这两个人的工作方法,存在显著不同,特斯拉会用数月甚至数年的时间,让一个想法在自己的内心逐渐成形。这个时候,特斯拉就会想办法在纸上画出草图,而此项发明,早已成竹在胸。“不用在图上动一笔,我就可以将所有零件的尺寸告诉施工者,组合完毕后,各个零件绝对严丝合缝,就好像我曾经实际绘制过相关图纸那样。”特斯拉说。

但爱迪生的方法与之天差地别。“如果爱迪生必须要从一个草堆中找到一枚缝针,他一定会立即像只辛勤的蜜蜂那样,一根接一根,小心翼翼地筛选检查,直至寻获自己的目标。”特斯拉后来回忆,多少带着些困扰,“看到此情此景,内心倍感遗憾,毕竟,只需要一丁点理论和少量计算,就可以帮他节省至少90%的苦劳。”

77 在特斯拉为爱迪生工作的不到十个月当中,与二人有过交集的第三方少之又少,例如,有一次,爱迪生与“爱迪生照明公司”(the Edison Illuminating Company)总裁爱德华·强森(Edward Johnson)打赌,声称自己可以猜中特斯拉的体重。

“有人提议猜体重,并撺掇我一会去台秤上称一下,”特斯拉回忆道,“爱迪生上下打量我,然后说到,‘特斯拉的体重是 142 磅 1 盎司,’他猜得太对了。我的净重是 142 磅,到今天依然如此。我小声问强森先生,‘爱迪生怎么可能猜我体重猜得如此精准?’‘好吧,’他压低声音,对我说道,‘我告诉你,秘密哦,你不能对任何人说。他以前在芝加哥屠宰场干过很长一段时间,每天都要给上千头猪称重。’”

在此期间,特斯拉一直心心念念向爱迪生汇报自己发明的感应式电机。他知道,爱迪生对于交流电并不感冒。净是扯淡,爱迪生曾说过,这种未经证明且不可靠的玩意儿,是一帮连电究竟是什么都一无所知的欧洲人鼓捣出来的。但特斯拉还是希望爱迪生能够领会感应式电机简洁的设计之美,从而克服其对于交流电的偏见。最终,在 1884 年夏,趁着两人身处康尼岛(Coney Island)的机会,特斯拉最终鼓起勇气,向爱迪生提出了自己关于感应式电机的构想。

“幸好,我等了片刻。”特斯拉回忆,“就在我要张嘴的时候,一位相貌可怖的流浪汉拉住爱迪生不放,这也迫使我打消了告诉他自己想法的念头。”

但这个说法太过离奇,未必属实。也许特斯拉未能鼓起勇气接触爱迪生,也许他向爱迪生提过自己的想法,但遭到了断然拒绝。说到底,特斯拉的电机并未完善或改进直流电体系,相反,在很多方面,造了直流电的“反”。两种电力系统根本无法彼此兼容——可以分别以直流电或者交流电体系为基础设计电机,但不能同时根据直流电和交流电进行开发设计。

不管怎样,特斯拉于 1885 年春退出爱迪生的研发项目,名义上是因为之前被承诺给予的五万美金奖金并未最终兑现。但更重要的原因在于,特斯拉根本无法适应。 78
二者各方面差异悬殊,实在无法维持建设性的工作伙伴关系。两个人各具其才,但爱迪生靠的是 99% 的汗水,而特斯拉则凭借 99% 的灵感。虽然两个人难有交集,但其各自的发明,将在市场竞争中刺刀见红。

从爱迪生那里辞职后,特斯拉走了一段下坡路,甚至为生活所迫,挖了一阵子下水道,这一段经历他日后每每回忆起来,都会尴尬不已。慢慢站稳脚跟后,特斯拉又开始向潜在的投资人推销自己设计的感应式电机,由此,他得以结识乔治·威斯汀豪斯(George Westinghouse)。

“威斯汀豪斯给我的第一印象,是这个人具有无穷活力,但却只有很少一部分得以释放。”特斯拉回忆道,“身广体胖,四肢匀称,充满活力,眼神清澈,步伐活泛——代表着十分罕见的健康与活力。像一只逡巡于林间的猎豹,他的呼吸很沉,似乎特别喜欢自己工厂里的滚滚烟尘。”

乔治·威斯汀豪斯,是一位出身于匹兹堡的发明家,成名作便是挽救了无数人生命的火车空气制动这一安防系统。他虎背熊腰,大块头,留着黄色的连毛胡,举止却十分和顺,看起来就像止咳糖浆药盒上印刷的广告人物那样可靠。

他生于1846年,比爱迪生年长一岁,在一个崇尚发明创新的环境中长大成人。威斯汀豪斯的父亲经营一家生意红火的农业机械作坊,曾因为发明脱粒机以及锯机获得过七项专利。年轻的乔治学习成绩不佳——又是一位被低估的未来发明家——却钟爱于在老爸的工坊里敲敲打打。他小小年纪就已经学会判读设计蓝图,并开始了自行设计之路。

十七岁时,威斯汀豪斯从家里跑了出来,参加了美国内战中的北方联军。后来他从陆军转至海军,并同时担任两艘蒸汽战舰的军械师。战后,威斯汀豪斯开始从事全职的发明工作,并于 1865 年,通过旋转式蒸汽引擎,获得了自己人生中的首个专利。当时,他刚刚年满十九岁。

79

三年后,威斯汀豪斯拿出了他人生中可能最重要的一项发明,火车的空气制动机,其核心理念就是通过蒸汽泵,将压缩空气传递至每一个车轮并给予制动。威斯汀豪斯发明的空气制动机,彻底改变了铁路工业,显著降低了事故率。在这一发明问世前,以十英里时速运行的一列满载旅客列车完全停稳,可能需要长达一英里的制动过程。但使用威斯汀豪斯的制动机之后,时速三十英里的火车仅需要五百英尺即可彻底停下。随着制动距离的显著降低,火车的运行时速及装载量都得以显著提高,也显著扩展了铁路的辐射及覆盖范围。

最终,凭借四百余项发明专利,威斯汀豪斯得以跻身于世界一流发明家行列。但和爱迪生不同,威斯汀豪斯并未一门心思压在发明创造这一件事上,成熟稳重的性格,使其天生就是一位买卖人。他十分乐于指导他人的工作,吸纳现成的点子,搞公司并购重组,买断别人的发明专利,建立大型企业集团。对于威斯汀豪斯而言,做起一桩生意,本身就是一种发明,和空气制动机一模一样,别无二致。

到了十九世纪八十年代初,威斯汀豪斯开始将注意力转至电力。当爱迪生这位鬼才首次在自己的门罗公园实验室向公众展示白炽灯的时候,威斯汀豪斯就是台下数千看客中的一员。从技术角度而言,电一直备受威斯汀豪斯的关注,特别是随着爱迪生的直流电系统取得成功后,这一行业的盈利潜质似乎已尽显无遗。1885 年 12 月,威斯汀豪斯与自己兄弟以及其他支持者一道,合资成立"西屋电气公司"(Westinghouse Electric Company),注册资本额一百万美金,其主要资产,是威斯汀豪斯本人带给公司的二十七项与电有关的专利。

威斯汀豪斯所购买的大部分专利,都只适用于直流电照明及动力系统。很多设计都与爱迪生的相关设计十分接近,但为了避免侵权,进行了技术修改,从而体现区分度。1886 年,威斯汀豪斯为纽约的"温莎大饭店"(the Windsor Hotel)安装了一台小型直流发电机,为其提供照明,之后不久,就又为自己公司总部所在地匹兹堡的"莫农加希拉大饭店"(the Monongahela Hotel)安装了同类设备。这一年晚些时候,西屋公司首座中央发电站于新泽西州首府特伦顿(Trenton)落成,使用六台西门子发电机提供直流电。之后,该公司又分别于新泽西州普莱恩菲

80

尔德(Plainfield)以及纽约州斯克内克塔迪(Schenectady)等地设立了直流发电站。

即便如此,直流电市场依然很难撬动。爱迪生公司主导着这一工业领域,客户只知道,也只信任爱迪生这个品牌名号。直流电灯、发电机、发动机市场的所有优质客户,都在其掌握之中。他的公司,也越来越积极通过诉讼的方式,大举讨伐一切可能的侵犯其知识产权者。

考虑到爱迪生已经在直流电市场占据了近乎垄断的地位,威斯汀豪斯开始将自己的目光投向了欧洲出现的新科技——交流电。虽然交流电的远程传输等问题尚未得到充分证实,但其所具有的某些有趣特质,似乎可以在某些情况下赶超直流电。

直流电面临的最大问题,便是其传输距离从发电站起算一旦超过一英里,电能就会出现明显损耗丧失。爱迪生在珍珠大道的发电站,只能勉强为半平方英里的区域供电,如果要为整个城市提供电力,就至少需要建设数十个发电站,而在纽约,寸土寸金。至于人口密度较低的地区,或许永远都将与电无缘,没有任何一家供电企业会仅仅为十几户居民专门修建一座直流发电站。

但与之相反,交流电,拜变压器所赐,却可以实现远距离传输。在变压器的帮助下,交流电可以轻而易举实现“增压”,而高压电通过电线传输的难度较低。因此,可以使用较细也较为低廉的铜线运输高压电,在电流进入住宅及办公室之前,再对其实施“降压”。

直流电的增压与降压,缺乏行之有效的办法。其生产及运输的最佳电压,就是现行的110伏特至220伏特,因此并不具备交流电的灵活性。

81

威斯汀豪斯虽然对交流电颇感兴趣,但却对其是否具有匹敌直流电的可靠性或廉价性,并无把握。当时电力商会的期刊一般都对交流电充满敌意,将其贬斥为一种毫无必要性、缺乏实用性的实验小把戏,最好还是留在实验室里为宜。批评者认为,如果要为了传输电力而增加电压,将会是大部分电能转化为热能而白白浪费掉。全尺寸的交流电系统除了作为一个巨大的加热器之外,什么都不是,而这对于投资人而言,无疑是场灾难。

于是,威斯汀豪斯延聘自己最为信任的电气专家弗兰克·帕普(Frank Pope),对于交流电系统进行调研。虽然之前对于交流电一直抱持怀疑态度,但仔细研究过交流电之后,他的看法出现了逆转。

“我对交流电最初的第一印象,和其他人一样,并不看好,”帕普后来回忆道,“通过一般渠道获得的专业知识,让我倾向于认为电压转换过程中电能的损失,会让交流电缺乏商业上的经济性,以热能出现的能量损失,将会让电力设施迅速陷入瘫痪,变成一堆废铁。直到仔细研读既存科学文献之后……我才发现很有必要改变自己的看法……对于这一问题持续跟踪之后,我开始接受交流电所具有的创新性及其所具有的工业价值。”

被说服后的威斯汀豪斯,决定在交流电上放手一搏,遂前往欧洲,买下了当时最为先进的交流电专利,即高拉德–吉布斯电力系统。虽然这一系统并非完全意义上的交流电系统,但却具备一项殊为重要的组成部分:能够增加或降低电压的变压器,而这正是交流电得以廉价远距离传输的关键之所在。当这种变压器设计送到匹兹堡之后,威斯汀豪斯及其手下的工程师,马上开始着手对该设计加以完善。

当时,并没有任何关于交流电的技术标准,因此,威斯汀豪斯的团队可以在研发的过程中自行设定。他们当时做出的很多技术决策,被沿用超过百年,时至今日,依然适用。例如,交流电的方向每秒变换六十次,依然是北美的技术标准。

82

西屋电气公司总工程师威廉·斯坦利(William Stanley),于1886年设计出完整的一套交流电供变电系统,并开始在马萨诸塞州一个名为“大巴灵顿”(Great

Barrington)的小镇向若干商店及办公室提供交流电。这也是美国首个投入实用的交流电变压设施。斯坦利全新设计的12座变压器,将3 000伏特高压的交流电,逐步降为500伏特,最终通过400盏电灯,点亮了沉睡已久的"伯克希尔"(Berkshire)镇。八个月后,西屋电气公司在纽约的水牛城,正式启用了自己的首座交流发电站,随后不久,便又接到了另外20多座交流发电站的建设订单。截止1886年岁末,西屋电气公司雇员人数已经超过3 000人,但人数规模依然显著低于爱迪生在全美范围内所缔造的电力帝国。不过,西屋电气公司的确正在成为一个重要的竞争对手,对爱迪生构成了日益明显的威胁。

然而,交流电的市场发展,却面临着巨大的瓶颈制约。西屋电气公司的产品序列当中,缺少重要一环——可以适用交流电的发动机。当时,市面上几乎所有发动机,都只能使用爱迪生制式的直流电,制造商如果生产别的电机,显然属于脑子进水。少数可以使用交流电的电机缺乏市场竞争力,或者无法自行发动,或者一旦发动后就会出现剧烈的震颤。

手里掌握感应电机的尼古拉·特斯拉,简直就是为西屋电气公司度身定制。离开爱迪生之后的两年内,特斯拉一直在积极推销自己的感应电机,始终未果。1888

年5月1日,特斯拉申请的一系列专利获批,其中编号为381968的专利为“电磁发动机”,编号为382280的专利项目为“能源的电力传输”。后者详细说明了如何使用交流电驱动发动机的技术解决方案,即后来广为人知的“特斯拉多相系统”(Tesla Polyphase System)。之所以被称之为多相,是因为其包含频率相同但初相不同的多种电流。多少有些像给一台自行车安装了好几个脚蹬子,当一个脚蹬位于最低端时,还有一个脚蹬已经达到了最高位,处于蓄势待发的状态,从而产生出稳定的能源输出。采用多相位的交流电模式,就可以确保随时都有一组线圈接近磁极。

83

与此同时,特斯拉接到了最后一刻才发出的邀请,在哥伦比亚大学向“美国电气工程师协会”[①]汇报自己的研究成果。这场题目为“全新的交流电发动机及变压器系统”的报告,引发了巨大轰动。特斯拉演示了两台小型感应电机,很多与会的学者看到后惊得目瞪口呆,甚至有些追悔莫及。感应电机本身的设计异常简洁,本身不包括任何的动态电气接触,与此相比,直流电机显得臃肿不堪。这场报告,让特斯拉在科学圈子里一夜成名。

---

① “美国电气工程师协会”(The American Institute of Electrical Engineers),简称AIEE,成立于1884年,后于1962年与其他组织合并。

在这场开创性的演讲后第二天，威斯汀豪斯就与特斯拉接触，他知道，如果感应电机诚如特斯拉所言那般，那么就正是自己苦苦寻觅的可靠电机，刚好可以补齐自己商业体系中缺失的那块拼图。经过简短协商，西屋公司以70000美金加每输出马力2.5美金使用费的代价，买下了特斯拉专利的使用权。协议签订后，特斯拉马上赶往匹兹堡，用了差不多一年左右的时间，调整自己的设计，以适应西屋公司的电气系统标准。

在与威斯汀豪斯相处的这段期间，特斯拉开始慢慢对这位发明家兼企业家产生崇敬之情。虽然可能不及特斯拉的前一位老板爱迪生那般富有创造力，但威斯汀豪斯却难得同时兼具平等的心态与崇尚竞争的精神。

“永远充满笑容，和蔼可亲，彬彬有礼，与我之前遇到那些态度粗蛮、拿腔作调的家伙形成鲜明对比，”特斯拉如是说，“不会说出令人不快的话，不会摆出让人感到被冒犯的姿态——可以想象一下，他所带来的礼数之周，他的言行之得体端正。但一旦被激怒，恐怕找不到比威斯汀豪斯更强硬的对手。作为一名日常生活中的运动员，他在面对问题的时候就会变成一位巨人，无坚不摧，无难不破。”

84

对于特斯拉与威斯汀豪斯的合作联手，爱迪生的疑心越来越重。对于特斯拉将自己的感应电机卖给西屋公司这件事,这位发明家毫无反对之意。在他看来,交流电机,乃至整个交流电技术体系,都将注定失败。“特斯拉,在科学方面,实属一位浪漫的诗人,”爱迪生宣称,他的发明“华而不实”。显然,爱迪生对于特斯拉,依然有着一定偏爱,尤其是深为感佩特斯拉的创造力与吃苦精神,但即便在爱迪生看来,特斯拉的大部分发明都脱离实际。

但威斯汀豪斯则完全不同,爱迪生对其越来越恨之入骨。他看不起的,在很大程度上并不是威斯汀豪斯本人,毕竟对于这位性格温和的工业家而言,很少有人会产生敌意。在一个弱肉强食的强盗资本主义时代,威斯汀豪斯堪比圣人在世。相反,爱迪生痛恨的是西屋所展现给他的印象:有钱人对于科学的肆意践踏,科学技术的门外汉为了牟利而将爱迪生自己营造的电力帝国搞得一团糟。在电力产业中,越来越多的人单纯动嘴发号施令,这让爱迪生甚感困扰。从这个意义上,威斯汀豪斯对爱迪生而言,仿佛代表了商业世界中的万恶之首。

爱迪生讽刺道,“几乎可以肯定,无论规模大小,威斯汀豪斯都将在其系统投入使用后六个月内至少杀死一名用户。他搞出的是一套新玩艺儿,本来需要大量的实验才能投入使用。因此,根本不能避免出现危险”。

爱迪生通过 1886 年出版的一本小册子,将自己的观点公布于世。小册子的封皮上,用血淋淋的红色字体,标注着题目——“来自爱迪生电气公司的警告”。显然,小册子的目的,是为了警告可能的侵权行为,扬言发动法律行动。但其另外一层目的,则是通过揭示新萌芽的交流电所具有的潜在威胁,让公众对其产生恐惧。

交流电投入使用,意味着“生命财产将面临十分严重的威胁”。小册子同时警告,这种危险的成本,将由购买西屋公司交流电的客户买单。小册子中夹带的几张新闻图稿,形象地对因交流电死于非命的事故进行了报道。其中,一名线路工在维护西屋公司交流电输电线路时遭遇电击事故而惨死,尸体由于脖颈被吸附在电网,高悬于离地六英尺的线路上。另外一起事故中,一名剧场经理在周日例行维护舞台的过程中,碰到了绝缘不佳的交流电线,遭电击身亡。

85 但直流电则不会引发上述事故,小册子向客户保证。与“吃人”的交流电不同,“自从投入使用以来,直流电就因为其所特有的低电压,没有造成任何致人死亡的悲剧事故。”宣传册还预言,交流电系统“根本上就是历史的过客。即便没有自生自灭,也会在寿终正寝之前遭到立法的彻底禁绝”。

猛烈的抨击,其实有些欲盖弥彰——来自交流电的挑战,让爱迪生步步惊心。从珍珠大街发电站建成开始,他就一直在舒适享受着自己在发电、输电市场上的垄断地位,鲜有像样的对手出现。但交流电却完全不同。它的存在,并不是为了完善直流电,而是要抢班夺权。爱迪生可从未临阵脱逃过,这势必将演化为一场刀刀见血的近身肉搏。

7

动物实验

87

电力工业虽然刚刚蓄势待发,但很多野心勃勃的年轻人,业已开始用这一领域的专家身份大肆自我推销。纽约市就有一位如此自居的专家,并专门为自己印制了醒目的名片,藉此向世人展示自己的专长,其内容为:

哈罗德·布朗(Harold H. Brown)

电气工程师

华尔街 45 & 47 号

纽约

有如扑火飞蛾,哈罗德·布朗为电所深深吸引。年少轻狂的他,被爱迪生发明白炽灯这一大创举所感染,当即投身入电气行业,即便自身毫无任何相关经验可言。他在位于芝加哥的"西部电气公司"(Western Electronic Company)谋到了一份差事,该公司主要销售采用爱迪生所设计的直流制式的电气产品。布朗在西部电气公司主要负责推销爱迪生的一项少为人知的发明——电笔,一种现在看来较为原始的复写装置。但他自视甚高，认为自己做销售，大材小用。1879 年 12 月，布朗致信爱迪生，宣称"自己已将纽约西区遭闲置的大部分电笔销售一空，"因此，"比任何人都更适合担任复写设备的负责人。"没有记录显示爱迪生曾对此做出答复，毕竟，曾有数以百计雄心勃勃的年轻人试图以此方式搭上他的便车。

88

在西部电气公司呆了两年后，布朗跳槽至曾为费城的沃纳梅克百货公司设计弧光灯的"布拉什电气公司"(Brush Electric Company)。虽然布朗日后宣称自己在这间公司的头衔是"电气专家"，但事实上，他将大部分时间都花在满芝加哥向商家推销弧光灯上面。

再后来，布朗决定效法自己的偶像托马斯·爱迪生，辞职并全身心投入发明创造。他鼓捣出若干改善弧光灯安全的设备并开始申请专利，但在打了四年专利战仍一无所获后，布朗终于发现，自己不是作发明家这块料。继而，他给自己寻找到了一个当时在这个圈子里颇为流行的新头衔：电气工程师。

和其他很多顶着这一头衔的人一样，布朗只对电学一知半解，更没接受过什么工程师的养成训练，毕竟，他只有高中学历。但这都不重要，布朗的自我本位思想压倒了理性判断，其野心更压倒了一切。想要在电气行业成为专家,似乎无需满足太多要求。大部分所谓专家,也对电或者电的工作原理一无所知。因此,只消简单地挂上这一名号,布朗便得以在纽约的核心金融区开门迎客。他的专长之一,便是对弧光灯发电机做出微调,降低毫无戒备的操作者遭遇致命电击的概率。

电气产业蓬勃发展,爱迪生在珍珠大街设立的发电所大获成功,引发他人——大部分都毫无相关经验——纷起效尤。每周,纽约都会有新的电线横空飞架,建设速度之快,完全超越了必要的安全范畴。很多作业堪称粗制滥造,绝缘不佳的电线与电报线、电话线胡乱纠缠在一起,极易引发漏电事故。纽约的报纸开始经常报道同一类型的新闻:受害人在毫无知情的情况下遭受电击身亡。此类报道的标题往往耸人听闻:“电线的致命纠缠”“又一具尸体横陈电线之下”。

89

读到上述报道的哈罗德·布朗,嗅到的不是危险,而是满满的商机。1888 年 6 月,他向《纽约邮报》(New York Post)编辑投书,措辞强硬激烈,将接二连三的触电伤亡事故,归咎于交流电。布朗的整个职业生涯,都建立在为直流电寻找市场、提供服务的基础之上,因此,在向读者痛陈对手,即交流电的罪错时,他直言不讳。

“除了该死之外,找不到更恰当的形容词对交流电加以描述。”布朗火冒三丈,“足以致人死命的交流电,唯一可以用来免责的理由,便是可以为那些使用这种制式的公司省下大笔金钱,使其无需为安全生产使用大口径铜线。也就是说,为了更多分配红利,公司宁愿让公众一直处于遭遇突然死亡的风险之下。"

将交流电缆埋入地下,也只能让事态雪上加霜,布朗提出,"其危险性不亚于在火药厂里举着一根燃烧着的蜡烛"。在信的最后,他提出了一系列建议,摆明从自身利益出发,例如,建议采用加装全新安全措施的弧光灯系统,十分"凑巧",这正是布朗本人所从事的买卖。

《纽约邮报》上刊登的这封投书,立马将这位原本默默无闻的电气工程师,推上了围绕安全问题所开展的公众讨论的风口浪尖。布朗受邀出席"纽约电气管控委员会"(New York Board of Electric Control)组织的听证,这一新近成立的组织,主要负责管理、规范无序发展的电气行业。或许也知道无法通过诉诸感情的方式打动委员会,布朗所提交的报告对于交流电的批判多有节制,甚至还曾提出没有任何一套电气的制式标准相对更安全这样的观点。然而,他依然将最近在纽约市遭遇电击身亡的系列事故,归因于交流电所特有的高电压,并提出了对自身有利的建议:纽约市内的交流电压,应被限制在300伏特以下。

这一建议,显然击中了正在日益成为爱迪生主推的直流制式竞争对手的交流制式之要害。可以说,交流电最大的优势,便是通过1 000伏特以上的高电压,实现远距离电力输送。如果被限制在300伏特以下,交流电引以为傲的经济性便将荡然无存,要用这种电压传输交流电,铜的用量将增加三倍,进而被市场所淘汰。

90

以保护公众免受交流电荼毒之名,哈罗德·布朗积极推动的行业规范,将对自己以直流制式为基础的生意带来好处。对弧光灯行业的规范越严格,布朗本人的工作机会就会变得越多,而将交流电的电压限制在300伏特以下,算得上釜底抽薪,让这个主要竞争对手不战而败。

在纽约电气管控委员会于六月份召开的一次会议上,布朗提交了自己的建议,在接下来的一个月时间里,又有几家电气公司受邀就此问题发表意见。后来的讨论,演变为一场充满敌意的争吵。来自直流电及弧光灯公司的代表,高度肯定布朗的建议,大肆渲染公共安全遭遇严重危机。但代表交流电的一方,则充满激情地捍卫自己的那套技术标准,将布朗贬斥为代表直流电利益的马前卒。

脸皮薄的布朗认为,对方的批评是对自己的人身攻击,指控会议让其成为“被他人肆意践踏的众矢之的”,自己的对手“无所不用其极地抹黑本人的名誉,侮辱我只是伪装成电气工程师,实乃啥也不知道的江湖骗子”。在他看来,这是对自己长期以来苦心经营的电气“专家”形象的肆意诋毁,而这样的行径,只能让自己的立场愈发坚定。自此,他再也不承认直流电与交流电具有同样危害,而是更进一步,开始卖力论证交流电“足以致死”,而直流电“完全无害”。

“对我来说,唯有如此,才能自证清白。”布朗后来回忆,“我必须用事实证明,诚如本人所言,相较于我们的直流电,他们的交流电足以致命。空口无凭,面对此等诬蔑,多说无益。”

布朗计划以某种显而易见、通俗易懂的方式,通过实验,对比交流电与直流电所具有的危险性。为了增强这 91 种实验本身的科学性,布朗一时头脑发热,给刚刚把实验室搬迁至新泽西州西奥兰治地区(West Orange)的爱迪生打电话,商借若干电子设备。

“出乎意料,爱迪生先生立即邀请我前往其私人实验室进行实验,并将所有必需设备置于我的全权控制之下。”布朗说道。

此前,爱迪生与布朗素昧平生,但二人曾殊途同归,各自分别竭力鼓吹过“安全”的直流电优于“致命”的交流电。相识后,这两位迅速结成了与其说是朋友,莫不如说是伙伴的奇妙关系。爱迪生之于布朗,使后者获得了可以与之共同对抗交流电的一位有力而可敬的恩主;布朗之于爱迪生,使后者获得了一位可以无所不用其极的打手。

布朗始终否认自己与爱迪生之间存在被雇佣关系,在后来的一起案件审判过程中,他在法庭上宣誓后声称,"本人从未受雇于爱迪生电气公司及其利害关系方"。的确,他的名字可能并未出现在爱迪生的雇员名单当中,但显而易见,布朗从自己的恩主那里获益良多——无论是直接的经济资助,抑或是被批准使用实验室当中的仪器设备。后来,一位富有冒险精神的《纽约太阳报》记者,曾想办法搞到了布朗位于华尔街的办公室里失窃的一些文件,内容证实了其与爱迪生之间的密切商业关系。对他来说,与爱迪生扯上关系,无疑会让自己获得某种曾经梦寐以求又求之不得的东西:敬重。

爱迪生居然同意与不按规矩出牌的布朗为伍,显然表明,面对交流制式对于自身一手创建的输电王国的步步紧逼与疯狂蚕食,这位发明家内心是何等焦虑。虽然从数量上来看,爱迪生的直流发电站依然占据多数,但威斯汀豪斯的交流电发电站却增速更快。釜底抽薪的,还包括一家对铜材市场供应虎视眈眈的法国辛迪加,以及因此飙升飞涨的铜材价格。随着铜价一路走高,能够通过直径更细、同时价格更低的铜线传输的高压交流电,也就变得愈发具有吸引力。爱迪生一生驭敌无数,但事实证明,交流制式,的确算得上一位相当可怕的对手。

92

虽然自己的公司一直强烈鼓吹造势,但爱迪生手里并没有科学证据证实交流电本质比直流电上更具危险性。偶然电死他人的传闻证据显示,无论是哪种制式的电流,只要条件合适,都会致人于死地。高电压无疑对于生命乃至人身安全更具威胁,但爱迪生却从未对于使用3 000 伏特高压直流电的弧光灯照明系统表示过任何不满或反对。而西屋公司设计的交流电系统电压不超过2 000 伏特,且仅限于街道沿线。真正接入住宅或办公室的交流电压,仅为50 伏特,远低于直流电的110 伏特。在这个意义上,爱迪生对于交流电危险性的急迫预警,显然并非依据事实,而是建立在内心恐惧的基础上。而哈罗德·布朗计划进行的实验,或许可以用较为直观的方式印证爱迪生的上述论调。

与此同时,爱迪生一定从布朗身上嗅到了让自己适可而止的某种气息:从一开始,这位发明家都在刻意与布朗保持一定距离。爱迪生指派自己的总工程师亚瑟·肯内利(Arthur Edwin Kennelly)承担协助布朗的实验任务,并授权布朗可以使用自己的实验室。这里的电气实验设备与器材可以说应有尽有,布朗现在需要的,仅仅是一些实验对象而已。

1888年7月上旬,奥兰治街头巷议风传,爱迪生实验室将会对任何送上门的野良犬支付每条25美分的报酬。周围的青少年闻风而动,很快,布朗就搞到了绰绰有余的实验对象。之前,布朗曾一度计划用猫做电击实验,但最终还是放弃了,诚如其所解释的那样,“猫十分灵活,很难为其夹上电极,更何况,它们的爪子也十分锋利”。

7月10日晚10时,爱迪生实验室,在爱迪生大约于十年前发明的白炽灯照耀下,动物实验正式开始。为此,布朗特地准备了一台便携式发电机,发出的1 500伏特高压电流将通过两个导线与狗腿相连。他的实验笔记巨细靡遗,用不带任何感情色彩的笔触,详细记录了以科学实验名义涂炭生灵,对犬只加以折磨并结束其性命的全过程。

93

第一次实验

一号实验对象。高龄黑色大丹母犬。活力不

足。未称测体重(约 10 磅[①])。右前腿至右后腿实测电阻为 7500 欧姆。以浸湿的废棉与导线连接后,通过未包裹绝缘层的纯铜线圈对该犬加以固定。持续通(直流)电。回路内测得 800 伏特峰值电压。持续时间为两秒钟。

随着布朗推上电闸,800 伏特直流电瞬间涌入这条黑色大丹犬。可怜的狗儿发出一声闷吠,疯狂挣脱,而在布朗看来,这属于"其依然能够控制自己的肌肉,电流并未彻底摧毁其神经系统的证据"。两秒后,电路断开,这时,大丹犬的吠叫声变得愈发凄惨。哀嚎着又转圈跑了约两分半钟,才倒地不起。在接受直流电击整整二十一分钟之后,它的心脏终于停止了跳动。该另外一条狗上场了。

第二次实验

二号实验对象。大型圣伯纳杂种幼犬。身强体壮。未称测体重(约 20 磅)。右前腿至右后腿实测电阻为 8500 欧姆。连接方式与上相同。持续通(直流)电。回路内测得 200 伏特峰值电压。持续时间为两秒钟。

---

① 磅,即 LBS,英制重量单位,一磅约等于 0.4536 公斤。

电路接通后，圣伯纳犬发出痛苦的狂吠。相较于第一只实验对象，这次的幼犬不仅更重，而且更壮，同时，被加载的电压仅为之前的四分之一，因此在长达几分钟的时间里，其一直叫个不停，挣脱不已，但最终，慢慢地安静了下来。布朗记载，接受 200 伏特直流电电击的狗，“毫发无损”，但却并未对该犬进行任何全面检查。这条从实验中侥幸逃生的圣伯纳，又成为下一轮测试的主角，只不过，这一次使用的是交流电。

94

第三次实验

> 实验对象与第二次实验相同。连接方式相同。通过振荡器、断路器与该犬连接组成了一个交流电路。回路内测得 200 伏特峰值电压。频率 660 赫兹。通电时间两秒钟。

当 200 伏特交流电射入这条圣伯纳后，它的躯体立刻变得僵直。电路断开后，犬只发出微弱的哀鸣，并有尝试逃脱的迹象。显然，交流电击使其受到损伤，但因为之前曾经接受过一轮电击实验，因此眼前的效果很可能只是前后两次实验叠加后的产物。但布朗显然对此不甚满意，他所期待的，是交流电本来应该造成更大的损害，遂下令将这只幼犬投入到第三轮实验，同时将电压增加了三倍。

第四次实验

> 实验对象,连接方式与第三次实验相同。使用前一次的交流电路。回路内测得800伏特峰值电压。频率1 600赫兹。通电时间三秒钟。

这次,当电路闭合时,狗儿立刻变成了一堆废物,看起来更像尊雕塑,而非某种活物。电路断开,幼犬的躯体变得松软,重重侧摔在地上,气息微弱,只出不进。在连续接受三次十五秒电击后,这条圣伯纳气绝身亡。布朗貌似对此结果颇为满意,宣布当晚的实验告一段落。

并不清楚布朗首次实验时,爱迪生是否在场观摩,尽管这位发明家最终必定至少在某种程度上见证过布朗令人毛骨悚然的实验过程。对于用动物做电击实验,爱迪生应该不会十分反感。或许,布朗以犬只为对象的实验,会勾起爱迪生的某些回忆,早在二十年前,他本人就曾在电报室里安置过电鼠器。

95

对于布朗以狗为实验对象的做法缺乏科学性这一点,爱迪生同样心知肚明。实验对象缺乏可控性。每条狗的体重根本未经仔细测量,而体重乃是影响生物电阻的关键要素。那条圣伯纳犬连续接受不同电压的直流及交流电击,很难说哪一次具有致命性。作为实验对象的犬只,死后都未进行解剖,从而可以任由布朗进行随心所欲的解读判断,例如,将其作为交流电致死性的孤证。

对于布朗就交流电做出的耸人听闻指控,乔治·威斯汀豪斯嗤之以鼻。在《电子世界》(*Electric World*)这一行业期刊上,发表了一篇西屋公司副总裁署名的公开信,直截了当指出:“和相同电流、相同电压的直流电相比,交流电对于生物造成的烧灼伤程度乃至致死率,都显著偏低”。一度,西屋公司曾考虑对爱迪生就此提起诉讼,但后来判定,此举只会徒增反交流电运动的曝光率。

对于交流与直流的制式之争日益残酷野蛮,威斯汀豪斯深恶痛绝。“电力照明及电力产业控制权的争夺之惨烈,前无古人,为史上商业冲突之主恶。”他写道。然而,威斯汀豪斯自然也不会高风亮节,一旦抓到了机会,怎会随随便便高抬轻放。“我曾亲眼目睹使用100伏特直流电,不到两分钟,就可将一大块新鲜牛排烤好。”威斯汀豪斯在一篇刊登在某杂志上的文章中这样写道,还补充说,任何碰触到100伏特直流电的人,都会感受到“无法忍受之痛”。他认为,布朗所进行的实验,未能证明交流电比直流电更危险,更为重要的是,西屋公司的入户电压,仅为爱迪生所设计的直流制式电压的一半。但这种对于交流电安全性的冷静、理性论辩，很快便淹没在哈罗德·布朗血口喷人的诋毁声中。

布朗实验的风声，很快便传到了纽约州某委员会的耳中，而其对于电击感兴趣的理由却极为与众不同——作为处死犯人的一种手段。1886 年，纽约州立法当局授权该委员会负责开展调查，寻找相较于绞刑更为人道的死刑执行手段。即便处理得法，绞刑在当时依然被视为"残忍且不寻常"(Cruel and Unusual)①的刑罚处遇措施。手法生疏的刽子手，往往不能一击致死，有时甚至会将死刑犯的头颅彻底勒掉。委员会责任人，《独立宣言》签署者之一的孙子艾尔布里奇·托马斯·盖里②，建议采用一种全新的死刑执行方式替代死刑：依靠电击处决死刑犯。当时，"电刑"(Electrocution)这个单词尚未创制。1888 年 6 月 4 日，纽约州议会通过一项法律，将电刑作为今后推荐的死刑执行方式，同时责成一个专家委员会为如何落实该法寻找技术解决方案。

96

---

① 所谓"残忍且不寻常"(Cruel and Unusual)，是指根据美国宪法第八修正案，不得要求过多的保释金，不得处以过重的罚金，不得施加残酷且不寻常的惩罚。如果某种刑罚或刑罚的执行方式被认定违宪，美国的联邦法院借由司法审查权，便可藉此认定相关法律缺乏合法性。

② 艾尔布里奇·托马斯·盖里(Elbridge Thomas Gerry，1837 年 12 月 25 日—1927 年 2 月 18 日)，美国律师，是美国建国之父、曾担任美国副总统的艾尔布里奇·盖里的孙子。

对于该委员会来说,布朗以狗为对象的电击实验堪称恰逢其时。当时,活体电击的效果缺乏科学数据,更没有任何信息揭示多大电流及多大电压才能足以置人于死地。相关质询,对于布朗及爱迪生来说,也可谓天赐良机。如果能够说服该委员会接受交流电就是现成的备选方案,可以作为完美的杀人手段,势必给予西屋公司及其所主导的交流电体制以沉重一击。想必不会有家庭希望将用来执行死刑的电流引入自家住宅。

布朗实验两天后,爱迪生邀请了几位调查委员,以及一名来自《纽约时报》的记者,到自己的实验室参访。参观者在西奥兰治车站得到热烈欢迎,随即开启乘车前往鬼才实验室的美好旅程。他们参观了爱迪生的留声机实验车间,聆听了短号独奏的唱片播放。之后,折返至另外一处更小的办公室。这里,一台通常用于测量电阻的"惠斯通电桥"①正在静候这群参观者。

爱迪生深知,布朗以狗为对象的电击实验,对这群参观者来说显然太过残忍,更何况还有记者在场。于是,他转而选择着重强调上述实验的"科学性"。他邀请每位调

97

① "惠斯通电桥"(Wheatstone Bridge),又称单臂电桥,可以精确测量电阻,由英国发明家克里斯蒂于1833年发明,但因为惠斯通率先用其测量电阻,因此得名。

查委员都通过“惠斯通电桥”,测知自己的电阻。甚至连《纽约时报》的那位记者,都兴致勃勃地参与进来,并在报道中指出自己的生物电阻为 2 500 欧姆。每个生物的电阻都不尽相同,爱迪生告诉调查委员,因此,原理十分简单,只需用足以克服生物电阻的强大电流,便可实现用电致人于死的目的。尽管自己的实验室刚刚开始动物实验,但爱迪生却宣称,交流电自身已然显现出具有上述致死威力。

就在这群调查委员测量自身电阻的过程中,其中某位律师的助理开始发力大放厥词表示反对,与之唱和的,还有一位无人认识的年轻人。不到几分钟,这位陌生人的真面目便遭到曝光,原来,他是西屋公司的雇员,奉命前来偷偷监控爱迪生对于交流电的相关主张。

义愤填膺的哈罗德·布朗十分“适时”地批判了这位闯入者,即便连《纽约时报》的记者,都认为西屋公司此举僭越了基本商业礼仪,“在竞争对手的实验过程中,闯入其公司领地”。几番争论后,西屋公司雇员获准留下,但这愈发坚定了爱迪生及布朗对于谁才是真正敌人的内心确信。工业时代,在电的领域内,基于其内在的对立关系,如正极对阵负极,直流对阵交流,又增添了一对新的死敌:爱迪生对阵威斯汀豪斯。

调查委员离开后，布朗随即敲定，将在某晚再次进行动物实验。或许是因为被爱迪生告知之前的实验缺乏科学性，在第二轮实验中，布朗一一详细测量了受测动物的身高、身长与体重。他甚至还设置了一个继电器，用来在接通回路时，点亮八盏白炽灯，从而让其更好地判断电流通过导线，进入狗身体内的准确时间。擅长使用电治疗患者伤病的弗雷德里克·皮特森医生（Dr. Frederick Peterson）负责对任何被电死的狗进行解剖。晚上9点35分，动物实验开始，布朗的实验笔记再次呈现了相关的残忍细节。

98

第五次实验

> 三号实验对象。猎狐母犬。幼龄，活力十足。体重为13.5磅。胴高13英寸，鼻尖至尾根之距离为24英寸。生物电阻为6 000欧姆。连接方式与上相同，并保持彻底浸润。一旦电流通过狗体，通过若干白炽灯连接的继电器就将闭合回路。使用直流电，电压为400伏特。

电路闭合后，八盏白炽灯开始闪亮，猎狐犬的身体随即被加载400伏特电压，两晚之前被电死的犬只，所承受的电压，也仅为其一半。猎狐犬发出狂吠，竭力挣脱。布朗判定，这只狗并未“受伤”。半个小时后，同一只狗被认为已经做好准备再次接受直流电击，但这一次，使用的是更高电压。

第六次实验

> 对象相同，连接方式相同。使用前一次实验中的继电器：直流电。电压 600 伏特。

电灯闪亮，猎狐犬哀鸣不已，使劲挣扎。布朗再一次判定该狗“并未受伤”。但这次，他只等了不到三分钟，便对这条猎狐犬加载了更高电压的直流电。

第七次实验

> 对象相同，连接方式相同。使用前一次实验中的继电器。直流电。电压 800 伏特。

当 800 伏特电流流过身体时，猎狐犬发出惨叫，这一电压，与两晚前致死大黑丹狗的电压完全相同。令人感到匪夷所思的是，布朗的笔记非常简单，“狗发出嚎叫，进行挣扎，但未见伤害”。对他而言，似乎没有办法体察直流电击是否对狗造成了任何生理损害，或许，布朗也没有兴趣这样做。五分钟后，他将电压调高，对这条猎狐犬进

99

行了第四次电击实验。

第八次实验

> 对象相同，连接方式相同。使用前一次实验中的继电器。直流电。电压1 000伏特。继电器工作状态不佳，相连的电灯并像之前实验中那样马上点亮。

这一次的效果，对布朗而言似乎波澜不惊。被电流击中的猎狐犬，吠叫着剧烈挣扎两分钟之后，瘫软倒地。坚信该狗已死的布朗，遂要求皮特森医生马上对其进行解剖。当医生打开猎狐犬腹腔时，发现狗的心脏依然在跳动，某些肌肉组织依然具有伸缩性。皮特森先生表示，如果不是着急非要实施解剖，通过人工呼吸，尚可救回一命。为了给如此蹩脚的实验增添上一抹科学色彩，这条狗的部分脊髓及坐骨神经被移除，供日后进行显微镜观察。

布朗根据上述实验认定，杀死13.5磅的动物，需要至少1 000伏特以上的直流电。但和之前一样，其漏洞百出的方法论，无法为其结论提供必要支撑。在一个多小时的时间里，猎狐犬接受了总共2 800伏特左右的电击，很难明确认定最后的1 000伏特电击本身就足以致死。布朗本人也承认,在最后一次实验中,连接猎狐犬前后脚的铜质线圈的继电器出了问题,仅凭这一点,就足以让最后一次实验变得没有意义。

这时,实验室中还剩下一条狗,布朗遂断然决定,对其加载“致命”的交流电。

第九次实验

> 四号实验对象。杂交斗牛犬。强壮有力。体重为 40.5 磅。胴高 21 英寸,鼻尖至尾根之距离为 37 英寸。连接方式与上一次实验相同,生物电阻约为 11 000 欧姆。交流电,电压为 800 伏特,频率 2 200 赫兹。通电时间 2.5 秒。

100

电路闭合后,布朗报告,斗牛犬瞬间“石化”,显然,他把最精彩的字眼都留给了该死的交流电。断开电路后,狗的身体变软,并在 15 秒后死亡。解剖显示,狗血“变得乌黑,丧失流动性”。对于这一奇怪现象,布朗并未进行进一步的解释。

布朗十分乐见于 800 伏特交流电如此之快便杀死斗牛犬,尽管在第一轮实验中,相同电压的直流电同样杀死了大黑丹狗。两晚后,布朗决定开展第三轮实验,旨在证明直流电所具有的相对优势。

第十次实验

杂交牧羊犬。身体强健,状态良好。体重为 50 磅。胴高 23.5 英寸,鼻尖至尾根之距离为 39 英寸。连接方式与上相同。生物电阻约为 6 000 欧姆。使用直流电,电压为 1 000 伏特。

电路闭合后,牧羊犬发出尖叫,但根据布朗的记载,“并未受伤”。相较于在被加载 800 伏特直流电便告丧命的第一只实验犬,布朗十分满意于这条挺过 1 000 伏特直流电击的家伙,遂又对其毫不留情地不断加大电压,实施连续电击实验,每次间隔不过几分钟。

第十一次实验

实验对象相同。连接方式相同。直流电,电压为 1 100 伏特。

于夜里 9 时 44 分结束电击。呼吸频率降至每分钟 72 次。未出现伤害结果。虽然在通电时发出吠叫,但在皮特森医生为其测量呼吸时,还可以摇尾乞怜。

第十二次实验

101

实验对象相同。连接方式相同。直流电,电压为1 200伏特。

于夜里9时46分结束电击。在通电时发出吠叫。未出现伤害结果。呼吸频率,每分钟72次。

第十三次实验

实验对象相同。连接方式相同。直流电,电压为1 300伏特。

于夜里9时51分结束电击。在通电时发出吠叫。未出现伤害结果。呼吸频率,每分钟60次。

第十四次实验

实验对象相同。连接方式相同。直流电,电压为1 400伏特。

于夜里9时53分结束电击。在通电时发出吠叫。未出现伤害结果。呼吸频率,每分钟72次(变得不规律)。

第十五次实验

实验对象相同。连接方式相同。直流电,电压为1420伏特。已经达到市贩发电机的最大电压。移除其余其他电阻。于夜里9时58分结束电击。在通电时发出吠叫。未出现伤害结果。呼吸频率,每分钟72次。从笼子放出后,该犬并未出现任何受伤症状。感知与控制神经未出现异常状态。

爱迪生手下很多铁石心肠的助手,目睹这条狗连续六次接受电击后,都不免动容,但似乎布朗依然余兴未尽。之前的实验所使用的皆为瞬间开关的单向电路。现在,布朗希望能够加装继电器,从而考察在电路闭合后保持电驿电枢连续两秒不动,会出现何种不同的效果。他所指挥的工人只好不太情愿地将牧羊犬赶回铁笼。

第十六次实验

实验对象相同。连接方式相同。电流通过犬只身体形成回路后,保持电驿电枢2.5秒不动。直流电。电压为1200伏特。于夜里10时30分结束电击。

102

牧羊犬发出哀鸣,在电流通过时挣扎不已,电驿电枢保持2.5秒不动。电路断开后,整个世界变得一片沉静,所有人都目不转睛地紧盯着狗笼。不可思议的是,牧羊犬居然还活着,尽管历经折磨后,已经开始颤抖个不停。爱迪生手下的一位工程师将手伸进狗笼,将牧羊犬抱在怀里,当场宣布自己要收养这条狗。这位工程师将狗命名为阿贾克斯,即希腊神话中曾忤逆闪电的那位英雄。但或许这位工程师并未意识到,阿贾克斯最终还是因为自己的傲慢死于雷击之下。

即便再有什么理由,现在也没必要再继续进行实验了。布朗已经如其所预期的那样,"证实"了交流电比直流电更具致命性。然而,布朗依旧不依不饶。在随后的两周时间里,他又以活犬为实验对象,使用交流电进行了十一次实验,每次都以实验对象的死亡告终。后续的这些实验,更加谈不上任何的精细可言。其中的一条狗,在被关进小笼子之后有所警觉,在电路接通前排光了自己的膀胱。电流通过其身体时,脚下的水洼也变成了导体。毫不令人感到意外,这条狗"在电路闭合后发出尖声惨叫,在长达一分钟的通电时间内拼命试图挣脱。"对此,布朗的解决办法十分简单,给这条狗换一个干爽的笼子,继续实施电击实验。

在最终收手之前,布朗总共在爱迪生的实验室对44条狗进行了电击实验,除了少数幸免之外,其余全部饱经折磨,死于非命。布朗对于自己所造成的上述苦痛毫无懊悔之情,更对相关结果的解读毫不含糊。

“我确定了直流电及交流电的准确致死电压,而这一点,应该足以让爱迪生先生及其他顶尖科学家感到满意。”布朗宣称,“结果证明,160伏特的交流电,也就是西屋公司及其他交流电输变电所使用的照明电压的六分之一,就足以当场致命。相反,直流电,即便电压高达1 420伏特,都不会导致任何伤害结果。”

103 当然,即便是布朗自说自话的实验笔记,都无法有力支持如此武断的结论。在他进行的首次实验中,使用800伏特直流电,便杀死了作为实验对象的犬只。因此,说什么高达1 420伏特的直流电都不会引发伤害结果,显然不属实。爱迪生想必也知道布朗所谓实验缺乏科学性,但后者的确为其提供了与交流电苦斗的有力结论。

布朗的发现,遭遇西屋公司不满的嘘声。布朗怎么能指望别人相信密室当中进行的实验,怎么能指望别人信任一位长期鼓吹直流电优于交流电的所谓电气工程师的话?被惹毛了的布朗再次将此视为对自己名誉的抹黑,同时宣布计划通过公开展示的方式,向世界证明他对于交流电易引发伤害结果的结论，在科学上是成立的。

7月30日下午，接近800名满怀好奇的看客齐集于哥伦比亚大学位于纽约市内的矿业学院礼堂，观摩布朗的最新展示。布朗向各大电气公司发出了邀请函，西屋公司针锋相对派出代表莅临。纽约电气管控委员会也派员出席，同样到场的，还包括纽约各大报纸的新闻记者。爱迪生虽然本人并未露面，但却派出了自己的总工程师为布朗助阵，同时还出借了全套的实验器材。这样看，爱迪生希望为布朗提供物质帮助，但却不希望出借自己的名头。

就在两个月之前，哈罗德·布朗还只是一位默默无闻的所谓“电气工程师”、实则终日为生活奔波的小销售员。现在，他俨然已经成为这个时代最富争议的焦点人物。如此良机，失不再来。布朗大步走上礼堂的讲台，开始用与科学家相称的严正嗓音发声。

“先生们，仅仅基于对善恶对错的良知，本人被牵扯到这桩公案之中，”布朗开始说道，“我不代表任何公司，更非出于任何经济或商业利益。”

104

台下交流制式支持者们爆发出一阵揶揄的笑声，但布朗不为所动，继续施压。

“今天下午，本人无意向各位宣读什么科学研究的论文,而是仅仅希望能够有机会,向各位展示过去很长一段时间我潜心从事的若干实验。”布朗继续说到,“通过反复实验,本人证实,相较于交流电,生物体抵御直流电击的能力更强。本人曾对用来作为实验对象的犬只施以 1 420 伏特电击,而其并未因此死亡。同时,被加载 500 至 800 伏特交流电的犬只,全部死亡。那些鼓吹可以经受 1 000 伏特交流电击而毫发无损的人,一定佩戴了避雷针。”

交流制式拥趸再次发出窃窃私语。人满为患的礼堂里变得愈发闷热起来。布朗抓紧时间发表完自己的评论,随即开始展示。他转身返回后台,牵出了一条76 磅重的大纽芬兰犬。在几位助手的协助下,布朗给狗戴上口套,并用绳子栓紧,关进金属笼子,后将笼子用绳索捆好。他细致地测量了狗的生物电阻,向人群宣布数值为 10 300 欧姆。这与《纽约时报》对其几个星期前所做实验的报道数值高出了整整四倍。即便如此,展示继续。纽芬兰犬的前腿及后腿,被接上了与发电机相连的导线。

“本人首先进行的,是直流电击实验。”布朗宣布。“使用的直流电压,为 300 伏特。”躁动不安的人群现在鸦雀无声。布朗拉上电闸,电流通过纽芬兰犬,狗儿发出令人恐怖的哀鸣,观众中有人不禁浑身打颤。

“如您所见,用于实验的犬只并未受到伤害。”布朗大声宣布。“现在,本人将电压增至400伏特。”

这一次,纽芬兰犬便试图挣扎,同时发出刺耳的狂吠。坐在椅子上的看客们开始坐立不安。

“现在加压至700伏特。”

105

惨叫着的狗儿疯狂摇晃着狗笼。其挣扎太过激烈,以至于挣脱了口套,进而咬断了束缚自己的绳索。人群中出现不安的躁动。布朗将纽芬兰犬再次捆好,实验继续。

“1 000伏特。”

电路闭合,纽芬兰犬哀鸣不已,整个身体因为剧烈的疼痛而开始抽搐,观众中有人不禁低下头来,不忍直视。布朗看准时机,发出自己的致命一击。

“如果改用交流电,这条狗将不会面临如此麻烦。”布朗宣称。带着一丝涎笑,他补充道:“各位看官将会见证,我们如何让它更舒服一点。”

封闭电路中,330伏特交流电涌入这条不幸的纽芬兰犬身体。这次,没有发生任何吠叫。狗儿像一只破布娃娃,轰然倒地。

几乎瞬间,交流电支持者们爆发出阵阵怒吼。纽芬兰犬已经被连续的直流电击折磨得濒临死亡,他们主张,最后的交流电只是用来打扫战场而已。布朗缓步走下讲台,再次牵回另外一条狗,并告诉大家,这次,他将只用交流电来进行动物实验。

就在布朗准备将这条新的实验品关进笼子时，一位陌生人突然冲上讲台，亮出证件，声称自己是来自“美国爱护动物协会”[①]的探员豪金森(Haukinson)，同时命令立即停止这种动物实验。灰溜溜的布朗只好将狗牵下讲台，但台下的观众却陷入一片混乱之中。一位交流制式的支持者跳上台，大声斥责布朗，声称如果他真的相信直流电无害，就应该现身说法，用自己作实验以证明这种内心确信。他提议，如果布朗同意接受1 000伏特直流电击，那么他们那一派也将有人承担1 000伏特交流电击。

这一提议立刻引发观众的大声应和。每个人都非常期待目睹布朗自食其果。但布朗却谢绝了参与这一电击决斗，此举显然让很多观众极其失望。

106

“我本不希望实验被如此打断。”布朗在混乱中临时召开的会议上宣布。“我手里有足够的犬只用于实验，从而对几乎所有质疑做出回应。但交流电的最佳去处，除了狗舍、屠宰场之外，就是州立监狱！”

这场展示，是一场彻头彻尾的溃败。除了证明布朗的残忍与胆怯之外，一无是处。即便目空一切的布朗，也

---

① “美国爱护动物协会”(The American Society for the Prevention of Cruelty to Animals)，简称SPCA，成立于1866年，在美国积极推动防止虐待动物。

隐约感觉到了这一点。于是,他很快于四天后又在哥伦比亚大学进行了第二轮实验展示。这次的展示更为亲民,交流电的支持者拒绝到场。但有几位负责给纽约州立法机构修改死刑执行法提供技术解决方案的物理学家出席了这次展示,他们亲眼目睹了布朗用交流电,将另外三只狗送上了不归路。

布朗及上述物理学家们共同签署的一份报告书,对布朗从其实验中所得出的结论达成了某种相当模棱两可的共识,"所有在场的物理学家都表示,狗较之于人更具生命力,因此能够致其于死地的电流,相同条件下,无疑可以很轻松地将人杀死。在他们看来,这种死亡应该是无痛的,因为在将相关感受传导至大脑之前,神经细胞可能都已被电流杀死了"。

签字的人当中,包括弗雷德里克·彼得森先生,他正是布朗进行第二轮动物实验时,在爱迪生实验室为其提供帮助的那位医生。在哥伦比亚大学实验展示后不久,彼得森先生获得提名,出任"医事法学委员会"(Medical-Legal Society)[1]主席,而该委员会具体负责为观察落实新的纽约州死刑执行法提供具体的合理化建议。

---

① 一般来说,医事法学被认为是法医学的上位概念,即包括死因调查及法医学等诸多具体范畴。

布朗简直不敢相信自己能够有如此好运。他之所以发动反对交流电的运动，目标充其量是将公众的注意力引导至电力安全这一问题上来，从而为自己创造一些商机。现在，自己的盟友，成为有权选用何种制式——直流还是交流——执行死刑的关键人物。这个世界对于哈罗德·布朗的评价，终于与其自我认同达成吻合——专家。

8
死亡电椅

战争,已全面打响。原本两种不同技术标准的单纯路线之争,不断恶化,逐步升级为一场谎言与恐吓横行的怪诞搏杀。涉及代价之高昂,使得置身其中的每个个体人性中的罪恶一面,开始暴露无遗。在这场直流与交流的制式之争中,赢家将在未来的数十年乃至更长时间里主导电力市场;输家则被迫付出惨痛的代价,重起炉灶,改弦更张,抑或被迫退出这一行业。电本身的神秘属性,使得各方得以轻易进行这种耸人听闻的公众呼吁与动员。无论对于直流制式还是交流制式来说,任何理性的倡导,都不及对于恐惧心理的营造,毕竟,千百万年来,人类对于闪电的恐惧,根深蒂固。

哈罗德·布朗无师自通,将残留于人类潜意识中的此类恐惧玩弄于股掌之中,依靠当代科技手段,唤醒这些来自黑暗时代的心魔。1888 年秋,布朗开始编纂一份因遭遇电击致死或致残的受害人名录,这对于何种电流制式更具危险性的凸显,自不待言。在《电子世界》上发表的一封公开信上，布朗写道，根据他所进行的研究，“这个国家交流电受害人的数量，已显著失衡。绝缘不佳、地面测试不足或电压过高每多杀死一人，都将让立法机关禁绝交流制式增加一分可能性。寄希望通过完善立法的方式解决问题，纯属臆想。对此，哪怕交流制式一方专门为其导致的意外伤害设立总额为两千万的信托基金，也无济于事”。

108

就在几个月之前，布朗鼓吹的，还只是交流电于无心之失间选择了一种不安全的技术标准。但现在，他却公然指控重利轻义的黑心商人通过设置所谓两千万的信托基金，将公众置于水火之中。为了回敬布朗日益咄咄逼人的指控，交流电支持者延聘声誉颇佳的电学专家彼得·冯·韦德博士（Dr. Peter H. Van der Weyde），撰写文章，将布朗的所谓实验贬斥为伪科学。对此文章，支持交流电标准的“全美光电协会”（National Electric Light Association）给予高度肯定，甚至还一致同意通过了一项决议，声称“我们坚信，直流电与交流电在安全性方面毫无差别，二者都可以在被使用前加以调整，从而在绝对无害且可靠的情况下，为整座城市提供电力”。

在交流电所占市场份额极速蹿升的同时，其支持者在公众舆论的角斗场上却明显居于下风。很大程度上，交流电公司仅仅满足于在专业技术期刊上驳斥布朗的悍然攻击,而其所主张的,也仅仅是交流电和直流电一样,不具备内在的危险性。但哈罗德·布朗不会这样收敛克制。在他看来,科学,只不过是用来痛殴对手的大棒,仅此而已。

布朗将关注点放在争取纽约医事法学会的支持,竭力说服其相信,交流电乃是处死罪犯之绝佳武器。对于布朗以犬只为对象的电击实验,有批评意见认为,这些动物的体重仅为几十磅,因此,电击一位比方说体重为180磅的成年人,效果可能会与动物实验截然不同。为了对抗这种相当有力的质疑,布朗再次挥起了自己钟爱的科学大棒。

12月5日,布朗在爱迪生的实验室,进行了新一轮的动物实验,并邀请医事法学会的艾尔布里奇·托马斯·盖里莅临指导,当然,到场的还包括大量新闻记者。爱迪生本人也出席了此次实验,由此不难窥见,布朗所进行的这一公开展示,对于这位发明家以及其所创立的直流电帝国而言,何其重要。

这次使用的实验对象,是两头145磅重的牛犊,以及一匹重达1 230磅、“精壮有力”的骏马。布朗将两枚电极 109 放在第一头牛犊身上,其中一枚被固定在牛背中央的脊骨处,另外一枚则被直接安放在两眼中间。电极用海绵包裹后,在盐水里蘸湿,布线工作,较之前的实验复杂了许多。布朗特地安装了一个继电器,只要电流接地,线路就会自动断开,从而在移除动物身上附着的电极时无需担心触电的问题。他还不由自主地谈到,这一安全设置可以十分便捷地装配在弧光灯上,从而使其彻底摆脱漏电之虞。他自己也是灵光一闪,想出了这一点子。

布朗同时决定,要用有别于以往实验的一种更为酷炫的方式来接通电路。连接两个电极的导线,与安放于室内中心的一块金属板接在一起。用锤子快速击打这块金属板,梆的一声,电路将在瞬间闭合。布朗当仁不让,敲下了第一锤,770 伏特交流电击入牛犊的身体。随后马上对第二头牛犊进行了电压为750 伏特的交流电击实验。死亡来得干净利落,两头牛犊都在 10 秒之内翻倒在地。给电极包裹浸过盐水的海绵,无疑堪称巨大进步,这种溶液乃是绝佳的导体。当布朗从牛头上移除电极时,在空洞无神的牛眼间,一个约 1 美元银币大小的灼痕清晰可见。

接下来的实验对象,轮到了那匹骏马。根据爱迪生提出的建议,电极被接在了马的两根前腿上。布朗将锤子砸向铁板。但那匹马一脸茫然地望向人群,丝毫没有为之所动。面红耳赤的布朗赶紧让人检查线路，据称有一个变压器出现毁损，并随即遭到更换。布朗再次挥锤，当啷！什么都没有发生——马儿依然屹立不动。失落不已的布朗，开始不停击打金属板。包裹马前腿的海绵，冒出白色蒸汽，但那匹却依然毫发无损。

110

开始有些胆怯的布朗不得不叫停实验，将捆绑在马前腿上的电极解下后再次安装上去。这次，他只能听天由命了。当啷！锤子重重压在金属板上，700 伏特交流电涌入马的身体，足足 25 秒，这也创了布朗历次动物实验的电击持续时间记录。电路断开后，马儿几乎同一时刻翻倒在地，气绝身亡。布朗让人拍下了这匹马遭受电击前后的照片，以期根除指控马匹在被致命电击前已奄奄一息的可能批评。

尽管在电击马匹时遇到了一些麻烦，但医事法学会的委员们显然对布朗所展示的电流杀伤力印象深刻。翌日，《纽约时报》的相关报道中就断言，“交流电，无疑将让本州负责执行绞刑的刽子手彻底失业”。这一次，布朗故技重施，仅对动物进行了交流电击实验。如果换用相同电压的直流电，也会产生完全类似的效果。然而，爱迪生的亲自见证，似乎又给这次动物实验平添了某种合法的色彩。

即便如此,布朗的实验依然太过原始,无法为电的致死问题提供有价值的数据支持。人们事后发现,电压并非影响电流致死效果的唯一因素。同样重要的,还包括电流的频率、通电时长、载流量等影响因素。高电压如果配以高电流,一般来说是致命的,但如果是高电压加低电流的组合,却未必会导致死亡结果。杀人的,是电荷的流速,即所谓载流量,而不是其流动时产生的压力,也就是所谓电压。当下普遍使用的心脏除颤器,可以释放高达 1 800 伏特的电压,但这种电击却不会致命,理由很简单,它所产生的电流极低。

111

医事法学委员会对于电学的精妙之处,不甚了了,于是一头拜倒在布朗所谓的“精”“专”裙下。交流电可以“毫无反应”地置人于死地,委员会报道称,但如果使用直流电击,则往往伴随有“呼号奔突”。因此,建议将交流电选用为死刑执行的制式电流。

就如何使用致命的交流电,委员会提出了详细的建议。最初曾考虑将死囚浸在水里充作导体,但遭到委员会的否定。同样未获其支持的设想,还包括用金属板将死刑犯的全身包裹起来。“众所周知,如果皮肤直接与金属接触,通电时,势必容易引发烧灼甚至撕裂”,委员会在报告里这样表示,同时还否定了要求被处以电刑的罪犯保持站立体位的意见。“历史证明,按照之前的传统方法执行死刑时,往往会出人意料地导致受刑人出现异样挣扎甚至身体脱节。因此,对受刑人进行某种身体束缚,很明显,极为必要。”委员会提出,“我们的意见是,最佳的电刑体位,应当为受刑人保持横卧,或者蹲坐”。

委员会建议,让死刑犯坐进“为此目的特制的椅子”——后来大众所熟知的“电椅”的原型——并用两条皮带加以固定,一条勒住其腰部,另外一条则将死刑犯的头部固定在电椅椅背上。在其肩胛骨正中的脊柱部分连接一枚电极,另外一枚则与跟电椅结为一体的头盔相连。电极为金属质地,直径4英寸,裹以厚海绵。海绵及与其接触的皮肤、体毛,都需要用盐酸锌溶液彻底浸润。使用一台至少能够产生3 000伏特交流电的发电机为电极提供15至30秒电力,以“确保”电死受刑人。委员会的上述建议获得一致支持。作为补偿,所有委员被邀请至位于第二十四大街的“调色板俱乐部”(the Palette Club),享用饕餮大餐。 112

大快朵颐的哈罗德·布朗志得意满,曾经觊觎的所有目标,似乎都已尽收囊中。看起来颇为客观中立的专业医学人士,已经判定交流电比直流电更加危险,并推荐用其来执行死刑。但这群人,仅仅看到了布朗使用交流电进行的最后那次实验。没有人曾目睹布朗在爱迪生实验室所做的那些显示直流电具备同样危险性的早期实验。

乔治·威斯汀豪斯闻听此讯,如坐针毡。哈罗德·布朗的无端指控,现在得到了官方背书。纽约州已经宣布,交流电具备致人死地的独特属性。威斯汀豪斯连忙起草了一封公开信,并于12月13日见诸纽约州各大报纸的显要版面。信中,威斯汀豪斯批评布朗接受了爱迪生支付的好处,同时指责其所进行的实验缺乏科学性。“相关实验使用交流电的方式,显然经过处心积虑的精细选择,以期用最小电流产生最大的耸人效果。”威斯汀豪斯火冒三丈。他宣称,布朗的实验,说白了,是在市场竞争中节节败退的爱迪生对于竞争对手一种丧心病狂的抹黑。

被惹毛了的布朗跳起迎战,马上亲自起草了一封公开信,并于一周后投书《纽约时报》。布朗坚称,“我现在不是,过去也从未受雇于爱迪生先生或其麾下的任何企业”。当然,他并未提到自己收入的主要来源,便在于销售直流制式产品及提供相关服务。但布朗始终强调,自己的实验毫无疑问证明了“与死神共舞的交流电”所具有的危险性,同时指控威斯汀豪斯对于直流电的持续诋毁,

113

完全是基于商业利益方面的考量。最后,布朗做出了令人目瞪口呆的惊人之举:

> 因此,我向威斯汀豪斯先生提出挑战,在有资质的电学专家到场见证的情况下,分别亲自接受交流电及直流电的电击实验。威斯汀豪斯先生所使用交流电频率不得低于300赫兹。实验从100伏特电压开始,每次增加50伏特。每轮实验皆由本人率先开始,直到最终有人哀嚎求饶,公开认错。

终于走到了这一步:直流电与交流电剑拔弩张,怒目相向。此时,距离发生在亚利桑那州举世闻名的"OK牧场枪战事件"(The Gunfight at the O. K. Corral)仅仅八年。只不过布朗所发起的这场决斗,用电替代了枪。他应当是在哥伦比亚大学做展示时得到了这一灵感,当时,交流电的拥趸挑战布朗,要求他用1 000伏特的直流电电击本人。面对这一挑衅的布朗并未接招。但现在,他却选择用较低伏特的电击实验向威斯汀豪斯叫嚣,显示他已经找到了让实验为己所用的门道。哈罗德·布朗,特别中意能够产生可靠结果的实验。

乔治·威斯汀豪斯对此恫吓只能无奈地摇头叹息。与布朗同台,只能证明其行径的合法性,并引发公众愈发关注交流电与死刑执行的内在联系。因此,威斯汀豪斯对布朗的挑战保持沉默,他深知,即便只是做出回应,都得不偿失。特斯拉,则完全置身于这场肮脏争斗之外,全身心投入到其他事情当中。离开匹兹堡后,特斯拉搬回纽约,在格兰德大街(Grand Street)开了一件小小的工作室。同时,他正在申请成为美国公民。

布朗不依不饶,继续挑逗威斯汀豪斯上钩。“威斯汀豪斯置公众安危于不顾,十分草率地将随时可能致人死亡的电线架在大街上,但他对此心知肚明,从而绝不会让自己的命运取决于交流电的慈悲。”布朗告诉记者,“有人告诉我,尽管交流电发电站近在咫尺,但威斯汀豪斯仍然选择在自己家使用直流电。”

114

布朗不断发表鱼死网破式的宣言,在某种程度上,反而映衬出直流制式自身的日益失势。仅在 1888 年 10 月,威斯汀豪斯就接到了为 45 000 盏电灯提供交流电能源的订单,这也是爱迪生主导的直流电系统足足一年才能达到的装机容量。西屋的订单中,包括为电力安全法律较之纽约更为严苛的伦敦提供点亮 25 000 盏电灯的装机容量。1890 年,西屋电气公司的营收飙升至 400 万美金。这一来,哈罗德 · 布朗大可以电杀任何他中意的动物了。无论如何,市场已选择了交流电。

对此,没有人比爱迪生更加心知肚明,这位发明家一直密切关注自己发明的市场份额与销售业绩。他可不习惯在竞争中落败。在电力这种龙头行业中居于下风,反而唤醒了爱迪生的竞争本能。他将所有的怒火,都倾注到从自己落败这件事上捞到最多油水的那个家伙——乔治·威斯汀豪斯——身上。

1889 年初,威斯汀豪斯的挚友,同时也身为某投资银行合伙人的亚当斯(E. D. Adams)与爱迪生接触,提议双方媾和。当时正在匹兹堡公干的亚当斯与威斯汀豪斯会面,并建议其与爱迪生彼此休兵,摒弃前嫌。毕竟,这两位都是伟大的发明家,并且都在各自的电力标准领域属于领军人物。二者为千百万人带来光明与动力,共同开创了一个全新的工业领域。掩藏在表面敌意之下的,是这两位发明巨擎的共通之处——目光远大。与其自相残杀,为什么不彼此收兵,甚至干脆握手言和呢?

但爱迪生的回电,却字字藏锋:“本人十分了解他手里的资源、电站以及做生意的伎俩、手腕。非常符合一夜暴富或别有玄机者的行径。他在玩火自焚,迟早作茧自缚。”

电流之争,陡然升级。

1889 年 1 月 1 日,纽约死刑执行法正式生效,从而成为了世界上首部将电刑明确为死刑执行方式的成文法。此法一出,美誉如潮。普遍认为,这是人类文明向前迈出

115 的一步，是在用更加开化的方式解决如何“人道”地处死罪犯这一长期面临的难题。这样一来，死囚就不需要在手法拙劣的刽子手处受洋罪了。据称，一种名叫电椅的装置，将会快速、无痛地送谋杀犯去见上帝。《纽约世界报》(*New York World*)则不吝溢美，将其形容为“为电刑量身打造的高科技手段”。新闻报道中，这一装置宛如精心打造的医学设备，而非临时拼凑出来的杀人工具。

在爱迪生及布朗看来，这部新出台的死刑执行法，为他们给交流电致命一击提供了最佳武器。虽然信奉反对死刑的人生哲学，但爱迪生才不会让什么信条冲击到自己的生意。1889 年 3 月，布朗组织了最后一轮动物实验，使用交流电对四条狗、四头牛犊以及一匹马进行了电击演示。爱迪生再次提供了实验场地，到场参观者除了纽约医事法学会的委员，还包括奥本监狱(Auburn State Prison)的负责人。

布朗的最后一轮测试，如果说有什么证明力的话，也只是证明他在电杀动物方面，变得愈发得心应手了。这一次使用的电极经过精心设计，系铜线缠绕而成，裹以多层棉布，并在盐酸锌溶液中浸透。他还使用了高电压，并将通电时间拉长至十八秒，以做足骇人的效果。结果哈罗德·布朗所钟爱的方式如期而至，九头动物均几乎毫无挣扎地命丧黄泉。

委员们已然将交流电接受为一种有效且人道的死刑执行方式。布朗不失时机地进一步说服这群人,专门为电椅设计使用电源成本过高。反之,现成的商用交流发电机不仅更可靠,还更廉价。事实上,这也是布朗所了解的唯一方法。

布朗为此拜会了纽约监狱局局长奥斯汀·拉索普(Austin Lathrop),后者则委派布朗负责为电椅采办发电机。西屋公司婉拒与布朗或监狱方面做这笔交易,但布朗显然不会善罢甘休。通过中间人,布朗搞到了西屋公司生产的三台交流发电机,并把其运至纽约。布朗确认,这些发电机所产生的交流电压为650伏特,与西屋公司商用的650伏特交流制式一致。这样一来,供电椅使用的电压,就与流入千家万户的商业交流电压吻合。西屋公司设计的交流电系统足以致人死地这一印象的最后一块拼图,就此到位。

116

等到电椅迎来首位“用户”,时间又过去了一年多。爱迪生及布朗充分利用这一转瞬即逝的良机,向公众大肆抹黑交流电。一位《纽约世界报》的记者曾询问爱迪生:“坊间传言贵公司曾卖给纽约当局若干发电机用来执行死刑,对此您作何评论?”爱迪生冷笑道:“哦,实际上采购的是西屋公司的发电机,不是我们的。”

布朗则负责为纽约各大报纸提供交流电恐怖致死威力的最新实例。1889 年 7 月,布朗在一份公开信中声称,最近,又有 10 人遭交流电击身故,同时,他还警告记在交流电头上的死亡名单势必每日更新。根据布朗的统计数据,1887 年,因交流电死亡的受害人为 3 人,但到了 1888 年至 1889 年,这一数字却飙升至 24 人。

乔治·威斯汀豪斯派了几个人,负责核实布朗的数据是否存在任何的真实性。这些调查人员发现,在布朗所指控的近 30 起死亡事件中,只有一起的确由交流电引发。其中,12 起死亡事件发生时,纽约市内尚无西屋公司所营建的发电站。另外 16 起死亡事件中,弧光灯——由直流电提供电能——才是罪魁祸首。而且,大多数触电身亡者,都是负责架设或维护输电线路的电工。因此,布朗所指控的这些死亡事件,充其量只能用来呼吁完善电力行业的劳动安全,并不能据此限制交流电的推广。西屋公司调查员收集的上述信息,由其销售终端负责传达给交流电的用户,以稳定人心。

然而,这种无端揣测,却让布朗受益良多。现在,他俨然已经成为纽约各大报纸的常客,经常会被冠以“知名电力工程师”或“纽约州电刑问题专家”的头衔。这不禁

117

让布朗有些飘飘然，当然，他也会将这种日隆的声誉用到极致。布朗开始向医学及法学团体提交“严肃”的研究论文，内容不仅包括对于交流电的妄自警告，还大秀直流电作为一种安全、可靠能源制式的光明前景。在纽约市召开的“国际医事法学大会”（International Medical Jurisprudence Congress）上，布朗提交的发言，描绘了即将到来的直流乌托邦：“蓝天不再被烟尘污染，巨大的发电站使用三倍乃至四倍于目前的机组，锅炉燃烧充分，为我们提供热量、照明、能源以及动力。消除了污染与噪音，人类的健康、舒适乃至寿命都会得到显著提升。目前，用电进行的消毒及排污技术已经投入使用，更有甚者，因为电力工业的极度充分发展，人类对于气候学的更好理解也将变为可能，藉此可以规避极端天气或温度变化所带来的负面效应。”

如果不将交流电挤出市场，上述美好远景自然根本无从谈起。“地下空中，遍布电线，其中很多都可能在转瞬间杀人于无形。”布朗宣称，“显而易见，物理学家有责任指出交流电的危险性，法律人士更有责任确保通过立法，防止此类武断危及人类生命健康的电力标准或相关设备投入使用”。

在布朗看来，目前的交流电企业，被纵容“用携带致死电流——极易通过无人知晓的绝缘故障电死他人——的电线彻底将整座城市套牢。”唯一的应对之策，便是通过特别立法，限制交流电的电压。不借由此种安全措施，电力将永远无法实现其辉煌的潜能。

在当时颇有影响力的《北美评论杂志》1889 年 11 月号上，布朗与爱迪生分别撰文，向更大范围的听众灌输自己的观点。在《死刑执行的新工具》一文中，布朗回顾了自己在电椅方面所做的工作，强调了交流电所具有的“杀118 人”特性。爱迪生的文章《电力照明的危险性》，则是对交流电直截了当加以否定。（同期刊载的文章还包括《美国内战的英国视角》《民主党之期许》《小说的未来》以及《电报使用率过高?》）爱迪生与经常发表科技文章的《北美评论杂志》渊源颇深。还在路易斯维尔担任年轻报务员时，他就曾花两美金买下了二十期过刊。后来，他还在这本杂志上发表过介绍自己最新方面的文章。

让《北美评论杂志》这样重要的刊物在同一期刊发两篇攻击交流电的长文，爱迪生无疑施加了某种影响力。虽然在此之前布朗从未在杂志上发表过任何文章，但与爱迪生的关系就成为他最好的资质证明。他在文章中列举了自己所进行的动物实验的结果，同时，十分识相地没有透露任何实验本身的细节。“我的实验显示，交流电的频率越高,或者与实验对象接触的时间越长,致死所需要的电压就越低……主要效果表现为组织与体液的强烈震动,从而造成主要器官受损。无疑,这就是交流电所具有的致命力量的全部秘密。"

在布朗看来,交流电的唯一用处,就是用来杀人。即便使用交流电的电椅当时还尚未成型,但他依然对其表现颇为自信。对于在不远的将来即将上演的电刑,布朗这样写道:"副警长合上电闸,(死囚)的心跳和呼吸瞬间停止。电流,以光速运行,在每秒运动速度'仅'为180英尺的神经细胞做出反应前就将生命彻底终结。一开始,尸体的肌肉会出现僵直,但在五秒钟之后,便会松弛下来。整个过程没有剧烈的挣扎或喊叫。法律的威仪终得彰显,同时又不会给受刑人造成明显的生理痛苦"。

爱迪生撰写的《电力照明的危险性》一文,则主要关注布朗文章未提到的相关部分。在此之前,他还从未就直流电与交流电这一话题,发表过如此情绪化、如此为一己私利所左右的言论。爱迪生在文章的开头,笔调明显有些以守待攻。毫无疑问,布朗粗陋无比的实验让爱迪生深感汗颜,但他同时又不愿意对布朗实验那些对己有用的结论视而不见。"公众大体不会对于引发本人所持立场或观点的具体细节感兴趣。"爱迪生在谈及布朗实验

119

时强调，“但可以说，我终于找到了支持既有事实的公开展示，对于剥夺生命——不是人的生命——这一问题，可以充分理性地认为，为了达到正当的目的，可以不择手段。”

这段话，也是现存爱迪生关于布朗实验的唯一表态，敷衍的致歉只意味着承认了布朗实验是打着科学名号的野蛮表演。爱迪生认为，交流电的危险特质，足以为上述手段提供合法性。毕竟，倒在交流电下的受害者，业已突破百人。他还表示，即便像有些人所建议的那样，将交流电缆敷设于地下，也于事无补。发明家就此讲述了一个耸人听闻的故事。一次，爱迪生公司铺设在华尔街地下的输电线路出现了漏电并联。即便直流电电压十分“安全”，仅为 110 伏特，但仍然熔透了电缆以及周围的铁质涵管，最终将漏点附近方圆数英尺的铺路石烘烤得一片狼藉。如果换成电压高达 2 000 伏特的交流电，爱迪生设问，又将会是何种情景？

“无论是从商业还是科学角度，都没有任何理由使用高电压、高电流，”爱迪生继续表示，“这样做的唯一目的，就是减少在不动产及铜材使用方面的投资……即便仅为 15 伏特的交流电，哪怕以最佳方式作用于人体，也将对中枢神经系统造成严重冲击，并导致个人绝对无法忍受的巨大痛苦。”

唯一的办法，爱迪生提出，就是通过立法，将交流电压限制在600至700伏特。（这一标准比爱迪生最初的建议高了足足300伏特，这是因为他自己希望为将来提高直流电系统的电压以应对高企的铜价留条后路。）即便是600伏特的电压限制，也将高效、“合法”地将交流制式赶出市场。爱迪生反对交流制式的理由，不仅因为其所具有的危险性，更在于“其总体上缺乏可靠性，且不适用于任何综合输送电系统。” 120

爱迪生披露，尽管其本人竭力反对，但其公司却已经购买了交流电的全部相关专利。“但截至目前，我已经成功做到让我的公司不将这一制式推向公众，如果没有我的同意，他们绝对不可以这样做。我个人的想法，将会是彻底禁止使用交流电。它毫无用处，且十分危险。”

事实上，爱迪生的公司的确购买了一项由匈牙利人设计的交流电系统专利，该系统已经在欧洲的若干城市得到成功运行。爱迪生的公司于1886年购买此项专利后，手下的总工程师便向他提交了一份报告，强烈呼吁爱迪生改用交流制式，理由非常简单，交流制式在远距离输电方面具有极强的经济性。

在这个最后关口，如果爱迪生能够将公司的部分资源转移到交流制式上来，就将很快恢复被西屋公司侵占的失地。爱迪生已经在电力设备的制造及市场领域打造了一个无人比肩的庞大组织，跨界交流电，将使其江湖地位变得无可撼动。话说回来，他之前在直流电研发领域的巨大投入也不会就此打水漂，爱迪生完全可以采取一种复合机制，即使用交流制式实现远距离输电，再将其在进入住户及办公室前转变为直流电。

但爱迪生却固执地拒绝妥协。他的公司眼睁睁地看着到手的交流电专利慢慢过期。他将击败西屋公司的天赐良机拱手相让，甚至干脆扔到一边。在这个意义上，爱迪生已经成为因循守旧的卫道士，而非锐意创新的挑战者。他在直流电上，砸下了太多金钱，更为重要的是，赌上了个人名誉。交流电的赞誉声愈响亮，爱迪生就越听而不闻——将他众所周知的失聪之耳故意背过去。**“对于我必须听到的声音，我听得到。”**

121 从爱迪生的视角，这并不难以想象。他所设计的直流电系统，对于出生于小城镇的人而言再正常不过。在这个系统中，美国的每一处地区，都应设立自给自足的直流电站，服务当地百姓，就好像每个村子都会有一位铁匠，或者一位屠夫那样。西屋公司设计的交流电体系，则与之明显不同，其着眼于国家层面，像极了乔治·威斯汀豪斯本人所熟悉的铁路系统——长距离、大网络。

现在,爱迪生只能将击败交流电的唯一希望,寄托在制造民众恐惧这一点上。通过布朗进行的动物实验,交流电被选为死刑执行的制式电流。现在,剩下的就仅仅是选择谁来首次坐上电椅。

首位"幸运儿",威廉·凯姆勒(William Kemmler),出身水牛城的大老粗一枚,长期酗酒,使他开始出现慢性酒精中毒的症状。1889 年 3 月 29 日清晨,凯姆勒醉酒后,无端指控自己的发妻迪丽·杰格勒(Tillie Ziegler)要抛下自己离家出走。两人爆发激烈的争吵后,凯姆勒随手抄起一把小斧子,连续猛击杰格勒的头部,直到她再也发不出半点动静。他随即前往自己的邻居家,坦诚了自己的罪行。

"我杀了她。"凯姆勒说到。"我必须这样做。我的意思是。我杀了她。我将因此被绞死。"

但绞索很快也将和迪丽·杰格勒一样走入坟墓。凯姆勒杀妻六周后,被法庭判处一级谋杀罪名成立,在奥本监狱内执行死刑。作为纽约州 1889 年的首位定谳死囚,凯姆勒将成为被处以电刑的第一人。

当时一位非常有名同时要价极高的律师博克·柯克兰(W. Bourke Cockran)代理了凯姆勒的案件。他告诉记者,自己完全是基于人道主义立场代理本案,却隐瞒了实际上乔治·威斯汀豪斯已经向其付酬的事实。担心对凯姆勒实施电刑将有损自己公司的清望,威斯汀豪斯悄悄地支付了凯姆勒案件的律师费,估计数额高达十万美金。

柯克兰提出电刑违反宪法第八修正案禁止残忍且不寻常刑罚的规定,并想办法将凯姆勒的死刑执行时间延后了一年有余。1889 年 7 月,柯克兰代表凯姆勒针对奥本监狱典狱长查尔斯·达斯顿(Charles Durston)提起诉讼。负责审理此案的一位州法院法官对柯克兰的指控进行听证,托马斯·爱迪生以及哈罗德·布朗都被要求出席听证并作证。

122

柯克兰代表凯姆勒提出的主要观点是,电刑缺乏作为人道死刑执行方式的可预期性。世人对电的致死效应理解尚浅,仅就人体能够安全承载多大电压就存在相去甚远的多种估值。听证过程中,柯克兰传来好几位证人出庭作证,这些人皆声称曾遭遇过大电流击打,但都安然无恙。纽约知名的医学专家兰顿·卡特·格雷医生(Dr. Landon Carter Gray)出庭作证称,电流作用于人体所产生的效应极难预测,因此无法通过电椅可靠地执行死刑。

“有人遭电击身故。此乃事实。其中包括人工发电,也包括自然界中的闪电。但同时,还有一部分人虽然遭遇雷击,或者不幸触电,却毫发无损。"格雷在作证时表示,"依据我们现在对于电所具有的致死效果的理解,试图以此夺取人命,恐怕会导致可怖的局面,甚至陷入莫大的骗局之中……如果电流不够强劲,或者罪犯本身的生物电阻过高,就可能导致其虽然备受折磨,死去活来,但最终无法离开这个世界。"

7月8日,哈罗德·布朗出庭作证,并重述了自己进行的动物实验的结果,在其看来,实验结果证明交流电足以迅速、无痛地终结人命。凯姆勒的辩护律师则开始指摘布朗作为证人的可信度,指出他并未受过正规的电学或医学训练。站在证人席上的布朗,对自己的专家身份笃信不疑。

> 问:您是否并不具备任何医学知识?
>
> 布朗:除了与电相关的医学问题,是的。
>
> 问:请描述下您所说的与电相关的医学知识究竟是指什么?
>
> 布朗:某些具体的,除了对人体加以电击之外。
>
> 问:也就是说,您曾目睹过电击人体的实验?
>
> 布朗:是的,先生。我曾经参与过。

123

在描述自己所进行的动物实验时,布朗竭尽所能,为实验涂上些科学的脂粉。但凯姆勒的辩护律师却想尽办法,迫使布朗最后承认,“如果实验用狗供应不足,或者参观者需要长途奔波”,就可能会对实验对象实施反复电击。

凯姆勒的律师还直指布朗与爱迪生之间过从甚密,而其实验主要用来满足这位大发明家的商业利益。对此,布朗回应称,自己与爱迪生“纯属私交”,赌咒发誓,自己的实验初衷,完全是为了公共安全,别无他求。令人瞠目结舌的是,布朗只承认,自己仅仅大概了解爱迪生与威斯汀豪斯之间存在矛盾与冲突。

问:在西屋电灯公司与爱迪生电灯公司之间,是否就各自产品的推广适用存在竞争关系?

布朗:我想是这样的。

问:两家公司之间彼此颇有情绪?

布朗:对此本人无缘置喙。

问:你对此全然不知?

布朗:缺乏实际了解。

为了唤起布朗的“记忆”,凯姆勒的辩护律师向法庭出示了布朗自己制作的宣传手册《直流与交流照明用电生命危险性之比较》,手册封底的文字宣称,布朗将要与乔治·威斯汀豪斯就电的问题公开对决。

托马斯·爱迪生出庭作证的日子,被选定在7月23日。出庭后不久,他便将辩方律师有关电的相关论述斥之为“无稽之谈”。只要电压足够大,爱迪生表示,电椅就可以迅速、无痛地完成使命。只消将死囚的手浸泡在盛满盐酸钾溶液的罐子中,爱迪生建议,同时对其头部和脊柱加载1 000伏特交流电。他认为结果是肯定的,自己亲眼目睹过动物实验,实验业已证明了交流电的致死效果。当被要求详细描述实验细节时,爱迪生颇有戒心地表示,他倾向于让自己的总工程师就这一点出庭作证。 124

10月9日,法庭驳回了凯姆勒的上诉,从而为如期对这位谋杀犯执行电刑扫清了最后的障碍。最后向美国联邦最高法院的上诉,也无力回天,而只是暂时拖延了死刑执行而已。联邦最高法院首席大法官梅尔维尔·富勒(Melville Fuller)在判决中表示,纽约州的电刑成文法并不违宪,可以适用。藉此,威廉·凯姆勒将成为首位通过电刑被处死的罪犯。

死刑执行日期被安排在1890年8月3日至6日之间的某个时点,准确时间一直被严格保密,直至实际执行前的最后一刻。当消息传出,纽约州的官方见证人被要求于8月5日到监狱报到,人群开始在监狱正门外聚集。凯姆勒也被证实告知,将于翌日清晨六点对其执行死刑。

天亮之前,凯姆勒被提出牢房,并被带到电椅——哈罗德·布朗催生出道的黑科技——旁边。“先生们,”凯姆勒说道,“祝各位好运。我认为自己要去一个好地方了,现在,已经准备好上路了。”说完这番话,凯姆勒深鞠一躬,随后被引导坐在电椅之上。“现在请您按部就班,别出差错。典狱长先生。”凯姆勒表示,“无须手忙脚乱。我可不想在这件事上冒险。您知道。”

凯姆勒的头被罩上了头套,看起来像极了中世纪的某种酷刑用具。他的额头以及胸部被皮带束缚着,同时也将其某些个人特征遮蔽起来。除此之外,共计十一条皮带将他的上臂、大腿以及躯干部分牢牢固定。电路被再三确认。大限将至。

“再见,威廉,”典狱长宣布,而这句话,其实是发给站在电闸边某人的行动信号。随着开关落下,从西屋公司制造的发电机奔涌而出的 1 700 伏特高压交流电涌入凯

125

姆勒的每一个细胞。他的身体“像一尊青铜塑像”般变得僵直,《纽约时报》的一位记者这样报道,除了右手食指之外。因为拳头攥得太紧,凯姆勒的食指指甲刺破了皮肤,鲜血滴落在电椅扶手上。站在凯姆勒旁边的一位医生握着一只秒表,5 秒,10 秒,15 秒。通电 17 秒后,典狱长示意停止。西屋公司发电机的轰鸣声慢慢停歇。医生宣布,凯姆勒已死。

然而,这一宣布,有些过于草率了。电椅上的凯姆勒

开始抽搐,并发出动物般的低声呻吟。“我的上帝,他还活着!”一位见证人脱口而出。“重新通电”,有人失声尖叫。某位新闻社的记者,实在无法接受眼前的一切,当场昏厥。

西屋公司的发电机被匆忙再次启动,凯姆勒再次接受了1 700伏特交流电击。但这次,发电机的运转不太顺畅,导致电流在进入凯姆勒身体时有所中断。鲜血从他的面部像血泉般涌出,同时脑袋上冒出了青烟。电极下面的毛发和皮肤滋滋作响,屋子当中弥漫着令人作呕的烧烤味道。无人知晓到底电击了多久,戴表的见证人因惊吓过度,根本无暇计时。当电路最终断开时,威廉·凯姆勒的名字,已然被深深铭刻在历史教科书中,他,成为首位被执行电刑的死囚。

有记者在匹兹堡追踪到乔治·威斯汀豪斯,并请其对本次电刑做出评价。“我不屑于对此发表什么看法。”威斯汀豪斯表示,“整个事态极端残忍。要是这样他们还不如直接用斧子砍。”或许意识到自己并未充分为交流电做出辩护,威斯汀豪斯又补充道,“公众的指责应当适得其所,但肯定怪不到我们。我认为,这次死刑的过程,彻底为我们洗刷了罪名。”

但爱迪生与布朗都坚持,凯姆勒在最开始电击的数秒内便毫无痛苦地离开了这个世界——后续所做的,都 126

只不过是将电流加载于一具尸体之上而已。但是,爱迪生建议,未来执行死刑,应当使用西屋公司生产的能够发出更大电压,且能保持连续工作状态的交流发电机。另外,他还提议,为此种死刑执行程序厘定个新称呼。此后,可以说死囚被"西屋"(Westinghoused)了。

当然,这一用语并未获得采用。死囚或许被电击,被炙烤,被雷劈,被烘培,被焚烧,甚至驾电西归,但从未被称之为被"西屋"。第二年春天,纽约州第二例电刑执行时,与电椅连接的换成了更大功率的西屋公司产发电机,导线也被进一步加粗。电极的安放位置被调整至死囚的腿肚子,从而确保电流能够穿透其心脏。发电机被要求始终保持运行状态。

接下来的几次死刑执行过程相对顺利,令人感到吃惊的是,在相当短的时间内,电刑就被接受,甚至被视为相当人道的死刑执行方式。1896 年,爱迪生的家乡俄亥俄州也采用了电刑。随后,马萨诸塞州于 1898 年,爱迪生的第二故乡新泽西州于 1906 年,也分别通过立法开始使用电刑。很快,全美就有超过 20 个州,加入进来。

人们将电椅昵称为"老火花"(Old Sparky)。纽约州在此后的 72 年中一直使用电刑,共将 695 名死囚送上不归路。执行者最终确定的电刑"菜谱"是:电压为 2 000 至

2 200 伏特,7 至 12 安培交流电,通电时长 20 秒,之后逐渐调低,适当间断,直至犯人最终死亡。但监狱执行官也从中发现了哈罗德·布朗早就心知肚明的一点,电非常难以预测,更别说被要求执行电刑的人了。1946 年,判决定谳的谋杀犯威利·弗朗西斯(Willie Francis)在路易斯安那州接受电刑时,虽然出现严重休克,但却并未死亡,并据说在通电过程中持续尖叫,“停下来!让我喘口气!”事后查明,一位喝醉了的狱卒在联通电椅线路时出现了纰漏。在上诉联邦最高法院未果的情况下,威利再次坐上电椅,并最终遭到处决。

127

恐怖仍在继续。1990 年 5 月 4 日,在对谋杀犯杰西·塔法罗(Jesse Tafero)执行电刑的过程中,突如其来的停电事故导致其头上升起六英寸左右的火苗。阿拉巴马州杀人犯华莱士·邓金思(Horace Dunkins),因为电椅的接线插入了错误的插座,导致其被活活烧死。

正负两极。对于电椅而言,到了二十世纪七十年代末,也必须要面对风水轮流转的窘境。在一系列出包的电刑背后,曾经风光一时的科技传奇已沦落为残忍的时代余孽。而这恰恰是一个世纪之前它成功取代绞刑时的那套说辞。1982 年,得克萨斯州放弃电刑,转而采用注射方式执行死刑,随即,很多州纷起效尤。

目前,世界上只有八个地方依然坚持电刑,而且全部集中在美国境内:阿拉巴马州、阿肯色州、肯塔基州、内布拉斯加州、南卡罗来纳州、田纳西州以及弗吉尼亚州。其中,只有在内布拉斯加州,电刑属于唯一的选项,除此之外,其他州的死刑犯都有权选择接受电刑,还是通过接受注射的方式终结自己的余生。迄今为止,只有一名被赋予选择权的死囚选择了后者。

9

世之脉动

乔治·威斯汀豪斯亟需听到一些好消息。他孜孜以求建立的交流制式,现在却被绑上了死刑的耻辱柱。电始终具有杀人的力量——这与其矛盾本质密切相关。但哈罗德·布朗却想办法,将交流电抹黑为只能夺取人命的恶魔。威斯汀豪斯开始绞尽脑汁,琢磨如何向公众展现故事的另一侧面。

在千里之外的科罗拉多矿业小镇特柳莱德(Telluride),威斯汀豪斯终于觅得自己期求的答案。这里,曾长期是落基山脉的金矿采选中心,但随着能源费用不断攀升,特柳莱德的状况开始恶化。矿山所使用的大型挖掘机械需要消耗大量能源,而矿业公司也早已将可能的廉价能源彻底用尽。虽然山中依然蕴藏着矿脉,但高企的采矿成本,让金矿的继续开采变得入不敷出。

如果金矿关闭,特柳莱德小镇恐怕也将随之破落衰败乃至彻底消失。对于这一点,没人比当地的"圣米格尔郡银行"(San Miguel County Bank)老板卢瑟·纽恩

(Lucien Nunn)更清楚。在来西部闯天下之前,纽恩这个地道的俄亥俄人,曾在欧柏林学院(Oberlin)及哈佛大学就读。虽然身高不足五英尺,但纽恩却有如蜂鸟般精力超群,不知疲倦。在人生的不同阶段,他修过马车,开过餐馆,做过律师,办过报纸。

纽恩深知,如果因为能源费用问题导致人口继续流失,特柳莱德小镇将面临灭顶之灾。因为之前一直十分关注美国东海岸的电力发展,他不禁设想,能否依靠这一全新科技手段,解决特柳莱德所面临的能源危机。仅仅三英里之外,圣米格尔河从山边奔腾而过,会不会成为取之不尽的廉价能源之所呢?

130

当地的"金王矿业"(the Gold King Mine)任命纽恩,以及纽恩的兄弟保罗,共同负责设计一座水力发电站。纽恩十分清楚,肯定不能选用直流电系统,因为根本无法将电力从三英里之外的发电站输送至矿山。他只好将全部希望寄托在西屋公司设计的交流电系统之上。于是,纽恩动身前往匹兹堡,请求西屋公司董事会为自己提供一套交流电发电站的机器设备,同时帮助搭建一条远距离的输电线路。

乔治·威斯汀豪斯闻听此讯,喜上眉梢。纽恩的项目,无疑可以成为自己设想的有力注解。如果交流电系统,能够将电力输送至落基山脉深处的穷乡僻壤,其他任何地方显然都不在话下。1890 年夏,西屋公司将一台 3 000 伏特交流发电机,以及一台 100 马力特斯拉发动机,送交在特柳莱德翘首企盼的纽恩。后者雇佣康奈尔大学的一些学生,帮自己建立起了现在被称之为“艾姆斯发电厂”(Ames Power Plant)的水利发电站。

1891 年 6 月 19 日,圣米格尔河水开始倾注到六英尺高的水轮机组,转动的水轮通过皮带,带动西屋公司生产的发电机转子旋转。其所发出的交流电,被输送至三英里之外的金王矿业,供一台破碎机粉碎矿石。

毫不夸张地说,艾姆斯发电厂,拯救了特柳莱德镇。更为重要的,它堪称交流电系统理念的成功范例。现在,所有人都亲眼见到,可以在一个地方发电,然后再输送至其他需要用电的地方。艾姆斯发电机组,不仅具有经济性,还非常可靠。经过历次升级改造,当初安装的机器,至今仍在正常发电。

全世界的电气公司,都开始关注经过实战检验的交流电系统。1891 年 8 月,一台 30 000 伏特多相交流发电机组,开始从德国的劳芬(Lauffen),向位于法兰克福的国际电气博览会供电。输电距离将近 106 英里,轻而易举摘得交流电输电距离之冠。劳芬生产的电能,点亮了法兰克福的千盏明灯,而两地之间,隔着足足一天的行程。

这昭示着新时代的黎明,能源就此摆脱地域的限制。在此之前,工业革命往往需要扎根于毗邻诸如煤矿、林场或水利等能源中心的临近市镇。现在,远离能源产地的地区,也可能华丽转身,成为工业中心。正如当时一位工程师所言,这样一来,仿佛每座城镇“都可以在无需承担黑烟、粉尘之苦的情况下,无限制地享用煤炭资源”。劳芬的远距离输电成功,促使法兰克福将交流制式选择为其城市供电系统,随后,诸多欧洲城市纷纷效仿。

交流电所取得的上述成就,显然不会逃脱爱迪生或至少是其公司的密切关注。亨利·威拉德(Henry Villard)这位“爱迪生通用电气公司”(the Edison General Electric Company)总裁致信爱迪生,强烈暗示公司至少应当考虑将交流电系统作为直流电系统的有力配套。但爱迪生对此嗤之以鼻,回复称:“对于实干家来说,使用交流制式而非直流制式的想法,不值一提。”然而,只有那些发现交流制式潜能的人,才是真正的实干家。

同时,爱迪生的看法,也已不再如以往那般重要。对于这家以自己名字命名的公司,这位鬼才说了算的日子已屈指可数。1889 年,爱迪生位于新泽西州纽瓦克(Newark)的电灯工厂,以及其位于纽约州斯克内克塔迪

(Schenectady)的设备制造厂,合并为爱迪生通用电力公司。尽管依然被摆在台前充门面,但爱迪生手里仅持10%的公司股份。其余的公司股份,控制在华尔街银行家手中,其中不乏摩根等大人物。亨利·威拉德本人也是金融家,之前曾在利润惊人的"北太平洋铁路公司"(Northern Pacific Railroad)担任过负责人。和威斯汀豪斯一样,威拉德算得上一位生意人。

对于爱迪生完全不考虑交流电这一点,包括威拉德在内,爱迪生通用电气公司的幕后老板们越来越感到不满。于是,威拉德开始背着爱迪生,与竞争对手——在交流电领域琢磨颇多,有大量投资的"汤姆森-豪斯顿电气公司"(Thomson-Houston)——协商并购事宜。 132

导致爱迪生通用电气公司开展并购谈判的动因,与其所遭遇的现金危机存在密切关系。当时,大量购买了爱迪生公司设备的创业者还并未扭亏为盈。虽然公司的年收入接近1 100万美金,同时手里还握着大把专利,但依然有些捉襟见肘。公司因此尝试过裁汰冗余,消肿增效,甚至动用了某些堪称冷血的手段。1892年1月的某个冬日清晨,新泽西哈里逊,在爱迪生公司旗下纤维工厂上班的150名年轻女性,突然接到了冰冷的解雇通知:"部门解散"。这群周薪约为8至10美金的女工,将被一群只需要一半薪资的波兰移民所取代。

虽然爱迪生从不曾为金钱所动,但公司业绩的下滑依然不可避免地触动他敏感的神经。斜眼看着公司的资产负债表,爱迪生对朋友萨缪尔·因萨尔(Samuel Insull)说道:"看起来糟透了。我想还不如回老家做报务员来讨生活。"在这一蹩脚玩笑的背后,是他对于失败的深深忧虑。听到自己公司与汤姆森-豪斯顿电气公司合并的传言后,爱迪生给威拉德写了一封感情丰富的信笺:

"如果您要推动公司合并(与汤姆森-豪斯顿电气公司),本人作为发明家的价值也将宣告终结。"爱迪生写道。"我的服务将变得一文不值。本人只能在受到强烈刺激的情况下开展发明创造。没有竞争,就没有发明。对我身边的人来说,情况亦是如此。他们所渴求的,绝非金钱,而是获得实现自己理想抱负的机会。"

与此同时,爱迪生对于大规模的商业行为,特别是围绕其专利的不停争讼,感到身心俱疲。他希望过作为发明家的不羁生活,可以随心所欲,追求任何引发自己灵感与想象的全新探索。1890 年,爱迪生再次致信威拉德,"我想,是时候退出电力照明行业,全身心投入到更为有益的事业中去了,希望可以不再承受如此巨大的煎熬与忧虑。"的确,他当时正在涉足其他项目——完善自己的

133

留声机、研发有声显像管，以及一项雄心勃勃的磁选矿石分离技术。

爱迪生已然清醒意识到，电的世界，正在与自己渐行渐远。电力市场的大门正在向自己悄然关闭，而固执的他，却怎么也不肯向前一步迈入进去。现在看起来，他对于直流制式的固执坚持，算得上冥顽不灵。此时的爱迪生，已经不再是电力领域的领导者，而俨然成为拒绝改变的顽固守旧派。而对这一类人，年轻时代的爱迪生也曾深恶痛绝。1890 年的一天，某位实验室助理向他请教一个有关电学的问题，爱迪生回复称，最好还是去问自己的总工程师亚瑟·肯内利。“在电学方面，他懂得比我多。”爱迪生用令人吃惊的自嘲语气说到，“事实上，我慢慢发现，对于电学，我其实一无所知。”

爱迪生公司幕后的金主们，开始强力推动与汤姆森-豪斯顿电气公司的并购事宜，他们意识到，电力行业正在出现由若干个主要经营者主导的区域垄断。当时，大多数美国城市都存在唯一的电话公司以及唯一的煤气公司，金融家对于这一经营模式偏爱有加，希望电力市场也能够如法炮制。通过将数家公司合并为一家公司，整合各自手里的专利资源，就可以确保合并后的公司占据市场的主导地位。

1892年4月15日，交易达成：爱迪生通用电气公司与汤姆森-豪斯顿电气公司正式合并，新公司的名称是，“通用电气公司”（General Electric Company）。爱迪生的名字从公司名称中被彻底摘除，而这深深刺痛了这位发明家的内心。他是从自己的秘书阿尔弗雷德·塔特（Alfred Tate）那里得知这一消息的。后者回忆，“我还从来没有看过他如此变毛变色。本来，他的肤色就偏灰白，听到我的报告后，瞬间变得毫无血色，简直和我的衬衫领子一样。”

交易达成时，汤姆森-豪斯顿电气公司估值1 700万美金，而爱迪生通用电气公司估值1 500万美金。与其说这是一场合并，莫不如说是一场收购。汤姆森-豪斯顿电气公司的决策层接管了新公司。通用电气公司的首任总裁是查尔斯·柯芬（Charles Coffin），这位汤姆森-豪斯顿电气公司的前总裁乃是鞋匠出身。至于爱迪生，只得到了个公司董事的头衔。

134

“爱迪生内心当中的某种东西，再也找不到了。”塔特说到，“对于自己的名讳，他有着根深蒂固的尊荣感。但这个名字遭到了辱没，被从他依靠自己的聪明智慧，穷尽毕生心血创建的公司名称中删除。”

通用电气公司的创建，自己的名字被移除，一度让这位伟大的发明家意志消沉。但显然,他从来不会就此认输。爱迪生很多最伟大的发明皆来自于困兽犹斗般的最后一搏。“爱迪生似乎在面对难题一筹莫展时,反而感觉十分快乐。”他的手下曾这样回忆,“如果遭遇挫折,他并不会因此忧心忡忡或烦恼不已,而是相反,自认吃一堑,长一智,会斗志昂然地再次进行实验。我就亲眼目睹他曾经将一次不成功的实验推倒重来,并最终取得成功”。

爱迪生最喜欢的就是枕戈待旦,与对手针锋相对。在画好的角斗场里,他往往才能发起绝地反击。虽然通用电气公司放弃了爱迪生这个名号,但自己的诸多切身利益依然与该公司息息相关。他又开始伺机发动反扑,寻找机会证明,那些放弃自己的人犯了大错,同时,好好还西屋公司以颜色。

不久,机会便悄然而至。芝加哥宣布,计划组织一场大型庆祝活动,以纪念克里斯托弗·哥伦布(Christopher Columbus)发现新大陆四百周年。这场哥伦布纪念活动的规模,在北美地区前无古人,而其中最吸引人之处,便在于活动将大量使用光电特效。芝加哥的活动组织者计划围绕人工光源的艺术效果设计相关建筑物外形,同时将电力作为活动的唯一能源。

为活动提供电力及照明的合同,要通过竞标才能斩

135 获。而这场竞争,异常激烈。十九世纪末,大型国际展览会在公众舆论的塑造方面扮演重要角色,成为当时各大公司形象展示的最佳舞台。在这里,生产厂商展示自己的产品,签订购销合同,更为重要的是,让民众为可以让自己生活变得更加舒适便捷的科技而欢欣鼓舞。能够被如此盛会选为电力提供商,无疑将会给胜利的天平增加一枚重重的砝码。

通用电气公司与西屋电气公司厉兵秣马,积极备战。很多人都认为,通用电气公司最有可能中标,毕竟该公司与爱迪生这位白炽灯的发明人关系密切,而后者在中西部地区享有盛誉。但乔治·威斯汀豪斯也迫切希望能够拿下这份订单。为如此高规格盛会提供电力这项殊荣,堪称无价,特别是对一间迫切希望闯出名堂的公司而言,更是如此。西屋公司遂将最初的报价降低一半,通过低价投标的方式,于 1892 年 5 月正式获批成为纪念大会的电力及照明提供商。

对于竞标失败,爱迪生火冒三丈,于是发起了一系列旨在让西屋公司的履约行为跛脚的“马后炮”行动。他针对西屋公司提起诉讼,指控其侵犯了自己长期以来所享有的白炽灯专利。西屋公司原本计划在此次盛会中大量使用一体化的灯泡设计,其关键在于玻璃灯泡的底部与灯丝整合为一体,从而制造几乎完美的真空。但法庭判定,对于一体化灯泡,爱迪生享有排他性专利权,因此西屋公司不得继续生产一体化灯泡。

对于威斯汀豪斯来说,这一判决堪称釜底抽薪。博览会开幕只有不到一年时间,现在他却没有可供使用的电灯泡!但乔治·威斯汀豪斯在面对巨大难题时,却总是能超水平发挥。他天生就是个解决问题的好手。西屋公司决定,以手里所掌握的最好的灯泡设计专利——一种被称之为“锯木人”(Sawyer-Man)的分体式灯泡设计——为基础,举全公司之力,拿出一种改良版的设计,提供给大会使用。该公司的工程师最终想出的解决办法是,用瓶塞封住灯泡,以期制造真空,同时防止灯丝熔化。这一办法,显然仍参考了爱迪生的灯泡设计理念。虽然分体式灯泡从根本而言不如爱迪生的一体化灯泡,但仍然很好用。为此,西屋公司专门组建了一座玻璃工厂,最终在不到一年的时间里,赶工出二十五万只灯泡,堪称整合生产资源的一大奇迹。

136

当1893年5月1日,博览会开幕时,参观者仿佛进入到了一个前所未见的电气乐园。十余万人将为博览会搭建的纪念广场挤得水泄不通,共同见证时任美国总统格罗弗·克利夫兰(Grover Cleveland)合上金色电闸,西屋公司的发电机开始运转,为博览会数以十万计的电灯以及其他机械设备供电。炫目的光明为博览会的整个场地笼罩上一层富有魔力的色彩。目睹此景,儿童文学作家弗兰克·鲍姆(Frank Baum)灵光一现,创作出《绿野仙踪》(*Wizard of Oz*)系列小说的第六部——《奥兹国的翡翠城》。

令人目眩神迷的展览,似乎预示着更为美好的明天。“纵览各时期标志人类文明进步的丰碑,1893 年哥伦布纪念博览会无疑最为突出。”博览会手册如是说。“这里所集中展示的,都是创造历史、推动文明进步的伟大力量,将新思想永不停歇地应用于新条件,缔造人类的未来。”

总计大约 2 700 万人到场参观,达到了当时美国人口的四分之一。摩天轮在这次博览会期间首次亮相。花上 50 美分,就能和其他五个人一道,坐进厢车,慢慢转到 264 英尺的高空,俯瞰博览会的各大建筑,以及沐浴在探照灯照耀下的户外喷泉。同时在博览会登场的,还包括若干日后家喻户晓的消费品:“杰迈玛阿姨糖浆”(Aunt Jemima Syrup)、“杰克爆米花”(Cracker Jack)、“施莱德麦片”(Shredded Wheat)以及“多汁水果口香糖”(Juicy Fruit Gum)。

给观众留下最为鲜活印象的,莫过于电气化建筑展

137

厅。原本是教堂的大厅通上了电，进入到其中的参观者都需要通过柱顶过梁和挑檐间的雕带，上面镌刻着下列名言："从天上取得雷电，从暴君手中夺取权杖。"这句话，本来是用来称赞美国电学之父本杰明·富兰克林的。大厅内展示的电气设备，旨在弱化人们对于电的恐惧心理，而用某种新奇感取而代之。这里有电动的人行步道、电动地铁列车、电气化厨房，以及数以万计的白炽灯（电动人行步道经常罢工，从而让客观中立的使用者对于电气化的未来有了更为公正的判断）。

在这间展厅，西屋电气公司与通用电气公司依然怒目相向，彼此的展品，在狭小的展厅内比邻而居。乔治·威斯汀豪斯花了很大心思，旨在让观众明白，自己的公司在不到十年的时间得到了极大发展。一张写有"特斯拉多相电机"的招贴，让当时还少为人知的特斯拉，与已经誉满全美的西屋公司同台亮相。

在博览会上，西屋公司展出了完整的多相电力系统。包括一台交流发电机和一台变压器，从而将电压提升以远距离输电，一条输电线路由一台变压器将电压降低，一台同步换流器将交流电转变为直流电，推动如火车引擎等依旧使用直流电的发动机。而这正是西屋公司计划在全球推广的电力系统的缩影。

特斯拉自己也进行了展示,展品中包括一项颇为新奇的玩意儿,“哥伦布的蛋”,用以形象说明感应电机以及旋转磁场的原理。具体来说,在一个盘子下面,藏着一组多相线圈,盘子上面放着一只铜质的蛋。一旦线圈通电,就会产生旋转磁场,导致铜蛋一端竖起。特斯拉带到博览会的,还包括世界上首枚霓虹灯管。使用高频电流,引发灯管中的气体发光。特斯拉亲手用这些灯管拼出了闪闪发光的大字,“欢迎,电工们”。

138 西屋电气公司展区旁边,就是通用电气公司的展区。这里展出的大量展品,领衔者莫过于咄咄逼人的爱迪生电塔,白色塔架上环绕数以千计的小型电灯,并通过水晶吊坠将灯光加以散射。电塔旁边,集中展示着2 500盏爱迪生所设计的白炽灯,这正是西屋公司未能获准在博览会上使用的照明用灯。

然而,这种白炽灯依然整体上维持着十年前的设计路线。因此,在很大程度上,通用电气公司展示的仅仅是其过往的光辉岁月,折射出其已经被西屋电气公司远远甩在后面。让爱迪生深感沮丧的,还包括通用电气公司也展示了一套多相电气系统。爱迪生公司居然推出交流电产品——也只有当他无法继续控制公司的当下,这才成为可能。

其实,最为重要,也是实际改变技术发展路线的一项展品,却身待闺中少人识:为整个博览会提供电能的西屋发电机,就藏身于机械展览馆的深处。这也是当时美国建造的输出功率最大的交流发电机。作为首台真正意义上的普适交流电系统,它可以通过同步换流器,为白炽灯、弧光灯以及其他使用直流电的用电器提供能源。博览会中运转或点亮的一切,包括通用电气公司的展品,皆使用西屋公司制造的这套多相交流电系统提供电力。

本次博览会,证明了西屋电气公司最终获胜,同时也成为世人对待交流电看法的一个转折点。博览会后的第二年,超过半数的新进电气产品,开始选用交流电。这在很大程度上要归因于西屋公司的胜出,以及特斯拉设计的感应电机在博览会上的杰出表现。

139

特斯拉出席芝加哥博览会期间,给工程师和科学家做过一次报告。他还进行了公开展示,当着目瞪口呆的观众的面,他用手触摸20 万伏特的交流电,让自己全身笼罩上一层微弱的电光。特斯拉之所以毫发无损,是因为他让电流顺着自己的皮肤流过,而非击穿自己的身体。正负两极——哈罗德·布朗抓住200 伏特交流电不放,用其来杀人。特斯拉却将数千倍于此的高压电玩弄于股掌之间,用来教化公众,博人一笑。

芝加哥博览会让因此占据上风的西屋电气公司借机拿下了一个更大的项目：与特斯拉从小便魂牵梦绕的尼亚加拉大瀑布直接相关。一直以来，人们都认为可以用瀑布发电。大约五分之一美国人居住在尼亚加拉方圆400英里范围内，水牛城（Buffalo，人口25万），距此仅20英里。瀑布的水流稳定可靠，使其成为推动水轮机并持续发电的理想地点。

建设一座可以远距离输电的发电站，面临不小的技术挑战。当地官员最初曾将希望寄托在这个国家最有名的电学专家托马斯·爱迪生身上。1889年，就在哈罗德·布朗疯狂进行动物实验时，爱迪生提出了在尼亚加拉大瀑布建设直流发电站及输电线路的计划。而西屋公司拒绝提交计划，理由是无论直流还是交流制式，相较于在当地使用蒸汽发电而言，都无法以更低成本将电运输至水牛城。

为了评估这一计划，官方指定了五人组成的尼亚加拉国际评审委员会，领衔者是当时世界顶尖的物理学家、之后不久便被封为开尔文男爵的威廉·汤姆森。汤姆森本人是彻头彻尾的直流电论者。在他看来，交流电的效能未获证实，实属毫无必要的替代品。评估委员会共邀请欧美28家企业提交计划书，并为获选者提供3 000美金的悬赏。

140

爱迪生和威斯汀豪斯都没有向委员会提交正式的计划书。爱迪生没有提交的理由在于他本人被提名为评审委员,或许还因为他判断到最后评审委员会还是要找上门来向自己寻求对策。西屋公司的工程师虽然要求自己的老板参与评审,但威斯汀豪斯却并不希望让那些对交流制式满怀敌意,无意与自己达成交易的评审委员了解到自己的技术秘密。"这群家伙想用区区 3 000 美金,就搞到价值 10 000 美金的情报。"威斯汀豪斯宣称。"等他们做好交易的准备,我们再提交计划,投标参选。"

结果,评审委员会判定,所有提交上来的计划书,都没有为在尼亚加拉建设发电站及输电设施提供完整的技术解决方案。在开尔文男爵的授意下,评审委员会提出了自己对于交流制式的质疑,"无法接受放弃传统且得到充分理解的直流制式而改用交流制式的建议"。

评审委员们代表着电学领域的卫道士,但市场早已经伸开手臂拥抱交流制式。西屋公司在特柳莱德兴建的发电站,以及在芝加哥博览会上取得的成功,已经让很多人不再将交流电等同于危险,开始接受爱迪生或开尔文男爵所言的这种"未经证实"的看法。和爱迪生一样,开尔文男爵也是到死都固执支持直流制式,对于送上门的实证视而不见。“相信你们可以避免犯下交流电这样的惊天大错。”1893 年 5 月，开尔文男爵从英国给评审委员发送了上述电文。但尼亚加拉项目的金主们，并未采信这位伟大的物理学家，以及那位世界上最杰出发明家的意见，反而开始逐渐接受交流制式。这不仅是西屋电气公司的胜利，更是作为技术标准的交流制式的胜利。

西屋公司全力以赴，为尼亚加拉水电站提供交流发电机、接电装置以及其他附属设备。而通用电气公司则明显居于跑龙套的角色，仅仅负责提供变压器，以及维护联通水牛城的交流输电线路。1895 年 8 月，西屋公司最先提供的两台发电机发出轰鸣，正式服役，排除万难，向水牛城乃至更远的地区提供交流电能。

141

对于特斯拉而言，尼亚加拉发电站项目堪称其毕生梦想之精华，还是年轻人的他，就曾发出豪言壮语，要不远万里，前往北美，征服尼亚加拉大瀑布的无穷能量。“30 年后，亲眼见证了尼亚加拉项目竣工的我，不由得发自内心慨叹人类内心的神秘与高深莫测。”他说到，一生中，很少有什么项目能让自己如此感到满意。特斯拉后来喜欢将尼亚加拉大瀑布项目与埃及金字塔相提并论，“标志着我们这个时代科技值得大书特书的时刻，真乃人类文明昌隆、和平发展之丰碑。”

在尼亚加拉发电站投产后,超出所有人预料,只为水牛城附近地区提供电力的设计初衷很快便被抛在脑后。廉价、丰沛的电能,推动了纽约西区工业的蓬勃发展,不久,电力便被运输至距电站450英里之遥的纽约市区。在随后的几十年里,依靠瀑布发电站所产生的电能,底特律摇身一变成为汽车城,为无数条生产线及炼钢炉提供源源不断的电力。它还催生了另外一个全新的工业门类,即所谓电化学产业,通过消耗巨量电力,生产诸如氯水等化工产品。"美国联合碳化公司"(The Union Carbide Company)就长期是尼亚加拉发电站的最大消费者。现在,位于美国边境一侧的这个发电站,几经扩建,依然在正常发电。

尼亚加拉大瀑布发电站,成为二十世纪及之后电力生产、传输的经典范式。可以在任何存在稳定能源供应的地点设立发电站,然后跨越百里,甚至千里,将电力运输至最需要的地方。在此之后,交流制式的效率问题,世人再无质疑。随之兴建的胡佛大坝以及"大古力水坝"(the Grand Goulee Dam),以高耸入云的钢筋混凝土之躯,向全世界昭示着美国的创造力及领导力。而这两座发电站,使用的都是西屋公司生产的发电机。

142

乔治·威斯汀豪斯绝对称不上是天才,这个头衔,或许更适合爱迪生,或者某种意义上的特斯拉。但威斯汀豪斯却足够睿智，因为他深知自己才智的有限性。面对周围环伺的天才们，乔治·威斯汀豪斯细心倾听，不耻下问。因此，面对横空出世的创新思路，他才能虚怀若谷。乔治·威斯汀豪斯，准确把握住了来自未来的脉动，一股“交流”的脉动。

10
电死大象

爱迪生创制的直流制式,很快便彻底变得可有可无,但他手里并非无牌可打。即使连通用电气公司也开始选用“足以致命”的交流制式,爱迪生依然渴望着再搏一次。直流电在制式之争中彻底失势,让这位鬼才遭遇一生罕见且无法释怀之挫败,难怪他会对自己的交流电对手保持冷眼旁观,寻找绝地反击的良机。

1903 年初,他抓到了一次良机。整个情况看起来颇具闹剧色彩:爱迪生同意,为公开在康尼岛处死一头名为“托普西”(Topsy)的“无赖”大象,提供自己的技术专长。这将成为他向公众展示交流电致死威力的最后机会,其间也包藏着极为残忍的野望:重达六吨左右的大象,显然已经是能够让爱迪生加以电击的最大生物。

计划被电死的大象,1885 年由“亚当 · 弗莱堡马戏团”(Adam Forepaugh Circus)——“林林兄弟马戏团”(Ringling Brothers)的死敌——购入美国。刚到美国时,“托普西”只有八岁,因此在马戏巡演中,被作为“真真正正的小象”加以展出，需要不停辗转于各个乡间小镇，疲于奔命。但没过几年，托普西就没有办法继续令人信服地扮演小象了——身高十英尺，体长二十英尺，单单一条腿的周长，就有两英尺。这样一来，马戏团只好改变托普西的用途，先后派了好几位驯兽师对它加以训练，旨在让它学会些把戏。

到了 1900 年，在马戏团的巨大穹顶下波澜不惊地度过 15 年之后，托普西开始变得无法控制。终于，在纵贯得克萨斯州的一次盛夏巡演过程中，它出人意料地将自己的驯兽师活活踩死。对于随后的继任者，托普西也并不另眼相待。在得克萨斯州巴黎地区的表演过程中，它再次用脚将新任驯兽师踩死。对于这头价值 6 000 美金的大象，马戏团显然不会轻易放弃。毕竟，驯兽师可以轻易替换，但经过训练，重达六吨的马戏团大象却千金难求。即便已经连杀两人，托普西依然跟随马戏团四处巡演，只不过驯兽师需要时刻警惕，与其保持距离。

144

两年后，当马戏团一路辗转抵达纽约布鲁克林时，托普西的最后一位驯兽师布鲁恩特（J. F. Blount）脑洞大开，想出来一个臭主意，用点着的香烟饲喂托普西，虽然一切都是事先计划好的，但这头大象的反应却是用自己的鼻子将布鲁恩特高高卷起，再重重摔在地上，致其当场毙命。

几年之内连杀 3 人,托普西随即被转卖给当时尚处建设期的“月神乐园”(Luna Park)。这次,它需要面对的驯兽师,名叫惠特尼·埃尔特(Whitey Alt),一位后来被报纸形容为“为了寻求刺激可以不顾一切的家伙”。杀手大象与辣手驯兽师之间的组合,一定会“擦出火花”。某晚,微醺的埃尔特临时起意,牵着托普西在康尼岛四下游荡。结果,当走到一间警察局附近时,试图将头探进警察局大门的托普西遭到了责打。埃尔特因此被解职,托普西作为一头表演用大象的命运,也进入了倒计时。

当康尼岛的负责官员们讨论如何处理这头麻烦不断的大象时,托普西被派去为月神乐园的建设搬运沉重的木梁。这项雄心勃勃的开发计划主打观光小铁路、旋转木马等游乐项目,以及豢养的大象及鸵鸟等动物。最终,托普西的所有人找到了一位来自曼哈顿的主顾,后者有意购买这头大象的兽皮、象牙等部分。条件是,由月神乐园方面杀死这头大象。执行日期被定在了 1903 年 1 月,并为此搭建了绞刑架,从而可以用绳子勒住托普西的脖子将其吊死。

就在马上要行刑的当口,“美国爱护动物协会”介入此事,正如十五年前,当哈罗德·布朗在哥伦比亚大学对

145 犬只进行公开电击展示时那样。该协会认为,吊死六吨重的大象这种想法荒谬绝伦,很容易搞糟,导致动物遭受不必要的痛苦。在十余年之前,类似的观点就曾被提出过。

绝非偶然,最终的解决办法如出一辙。当月神乐园的负责人放出话来,希望使用更为人道的办法——电击——来杀死托普西时,爱迪生很快就做出了积极回应。他派遣了手下 3 位顶尖的电气工程师充当杀死托普西的刽子手。杀死大象所用的电流——当然,是交流电——由为月神乐园提供照明及动力用电的康尼岛发电站提供。

电击的时间,被定在了 1903 年 1 月 4 日下午,距离月神乐园正式开门营业不到五个月。下午 1 时 30 分刚过,托普西就被牵引至原来搭建的绞刑架,这里,现在已经被改造为临时的电刑平台,断头台上伸出的两根电线与附近安放交流发电机的房间相连,电线的另一端,则是专门为此次电击设计的大电极。但当托普西走近绞刑架的狭小入口时,却开始止步,说什么也不愿意前进半步。于是乐园方面找到这头大象的前驯兽师惠特尼·埃尔特,并承诺如果可以帮忙让大象穿过入口,便向其支付 25 美金报酬。埃尔特断然拒绝,声称即便出价翻翻,自己也绝对不会冒险。最终,绞刑架方案搁浅,电击的地点改到了另外一处空地。

等托普西被弄到位时,电击时间已经比计划拖延了一个多小时。爱迪生派出的 3 位工程师埋头于大象身下,想办法将电极固定在大象的腿部,同时还有好几个人用绳子拽着托普西,对其加以固定。工程师终于想办法让托普西把一只脚抬了起来——这也是马戏团驯象的节目之一——从而能够联通电路,一个电极被安装在托普西的右前腿,另外一个则被安装在左后腿。铜板制成的脚掌被固定在象足之上,充当导体。下午 2 时 38 分,一位兽医给托普西喂下了两根伴有 460 谷(Grains)[①]氰化物的胡萝卜。但这些被它狼吞虎咽的氰化物还不足以致命,最终,将由 6 000 伏交流电出场收拾残局。

146

爱迪生派出的 3 名工程师,一直在静待合上电闸的信号,就在此时,这位发明家的第四名手下忙三火四地匆匆赶到。他手里拿着爱迪生刚刚完成的一项流芳后世的伟大发明:摄影机。

电影科技,当时刚刚发轫,还很少有人能够理解爱迪生那些人一边摇动手柄,一边向他发明的怪模怪样的设

① 谷(Grain),英美的最小重量单位,一谷约等于 64.8 毫克。

施里窥视。究竟是在干嘛？这位摄影师的到场，并未引发聚集于此、围观电杀大象的1 500多名看客的注意。事实上，连次日的新闻报道，也对拍摄的事情只字未提。随着摄影机手柄的不断转动，整个事件的性质，随之一变。一群看热闹的人所目睹的乏味片段，因为被摄录而永载史册。

摄影机，堪称经典爱迪生式发明，虽然也会从既有理念中撷取养分，但爱迪生用一种全新的形式对其加以进化升级，从而实现了真正意义上的科技突破。1887年，爱迪生首次提出，“或许可以像留声机之于听觉那样，通过某种装置提供类似的视觉体验，进一步，还可以让二者兼容，从而实现声音与图像的同时记录，同时再现。”虽然直到1927年《爵士歌王》（*The Jazz Singer*）公映，他所致力实现的影音同期的理念才算是得到了商业落实。但这位发明家的确只用了不到三年的时间，便达成了前无古人的创举：发明了可以将连续动作记录在胶片上的摄影机。

与此最为类似的动画捕捉，可能要算是英裔摄影师埃德沃德·迈布里奇（Eadweard Muybridge），他在加州铁路大亨利兰·斯坦福（Leland Stanford）的资助下，于1872年率先对于运动中的动物摄影进行研究。曾担任过加州州长的斯坦福，是一个十足的赛马迷，并笃信一个理论，即飞驰中的马匹,将在某一时刻,四蹄同时离地。但要验证这一理论,普通的照相机只能望而却步——马儿的奔跑速度太快,任何相机都无法对其动作加以捕捉。因此,斯坦福委托迈布里奇这位广受赞誉的加州风景摄影师,想办法捕捉到马匹运动的全过程。

147

1878 年 6 月 15 日,迈布里奇揭晓了自己的对策,一个笨重的多镜头设备,被他安装在斯坦福位于加州“帕罗奥多”(Palo Alto)——今天斯坦福大学所在位置——的赛马场跑道附近。迈布里奇将十二架静止相机沿着跑道排成一条直线,将每架相机的快门与横穿跑道的绊马索相连。顺跑道前行的马匹,将接二连三地触发绊马索,从而让相机对其运动轨迹做出顺次记录。

在一群赛马爱好者及记者的见证下,斯坦福的一匹头马沿着跑道一路狂奔,而迈布里奇设置的相机,则捕捉到了三次完整的四蹄腾空。当照片冲洗出来后,斯坦福的理论得到了充分证实:在奔跑过程中,马匹的四蹄可以同时离开地面。

虽然迈布里奇所设计的装置堪称精妙,但适用空间却相对有限。如果要完成时长为一分钟的动画,需要动用 720 架照相机。爱迪生发现,从技术角度而言,迈布里奇的设计是条死胡同。他决定,用一架照相机,完成迈布里奇需要动用多架照相机才能完成的任务。

1888 年,爱迪生正式开始摄影机的研发工作,使用的还是他最中意的研究方法——大量试错。“我们尝试了无数种实验机理,使用了大量的物质材料及化学试剂,目的就是为了证明这样做是错的。”爱迪生后来回忆,“实验室里进行的实验,大部分揭示的其实都是些不管用的部分。最可恶的莫过于你根本无法提前预知,历经数月,乃至数年的持续实验,最终发现你一直是在沿着错误的道路越走越远。”

最初,爱迪生认为,应当仿照留声机的设计路线,开发摄影机。于是,他设计出敷以感光材料的一种圆盘型记录装置,进而将微缩图像覆盖其上,并在回放时对图像加以放大。但爱迪生所尝试的各种感光图层,无论是干蛋白还是卤化银,成像都太过粗糙,稍加放大便已失真。

148

很快,爱迪生便彻底放弃了这一思路,转而青睐当时市面上已经开始出现的一种新材料:“赛璐璐”(Celluloid)。这种从植物纤维当中提取的天然树脂,具有令人吃惊的可塑性与延展性,尽管同时也相当易燃。爱迪生选取了一小片赛璐璐,并在上面间隔性地印上了若干图像,最终将整片赛璐璐附着在一个圆鼓外侧。随着圆鼓的转动,便闪现出连续的图像。但这一圆筒型成像装置也存在缺点,被印制在赛璐璐上的图像非常之小,因此只有图像中心的部分才能得到充分对焦。

虽然爱迪生的发明创造很少借助外力,但摄影机着实太过复杂,亟需机械乃至图形艺术方面的最新研究成果加功助力。在图像学方面,爱迪生找到乔治·伊士曼(George Eastman)寻求帮助。后者不久便创立了普遍认为占据胶卷业龙头地位的“伊士曼柯达公司”(the Eastman Kodak Company)。1884 年,伊士曼对于卷轴式胶片,即我们通常所说的胶卷,申请了专利。四年后,他又生产出为自己的胶卷量身打造的首架柯达相机。

伊士曼当时正在研制的一种新型干式胶卷,让爱迪生看到了将其适用于自己所设计的摄影机的希望。伊士曼则真的为爱迪生量身定做了一款窄幅的高品质胶卷,从而使得后者无需花费数月时间在实验室中苦苦寻找合适的化学配比。“没有乔治·伊士曼,我真不知道电影的发展历史该如何书写。”爱迪生后来回忆道。此乃罕见的溢美之词,毕竟这位发明家很少会将自己的发明归功于他人。

清除掉拦在面前的胶卷问题后,爱迪生开始全身心投入到应对另外一项同等重要的挑战当中:可以分秒不差处理胶片的机械装置。在一祯图像曝光后,摄影机必须

149 能够将胶卷传动到下一位置，从而进行再次曝光——所有这一切，都要在0.01秒内完成。

“摄影机的运转，必须有如钟表般精确。”爱迪生后来称，“过程中哪怕再细微的改变，或者时间出现毫厘延迟，都将在被投放到大银幕时无所遁形。”

在机械设计部分，爱迪生十分倚重他的一位实验助理迪克森（W. K. L. Dickson），此人具有摄影师的专业背景，后来也成为爱迪生主要的掌镜人。

爱迪生和迪克森对于胶卷不同的运动速度，以及不同尺寸，进行了大量实验。一如既往，爱迪生的创新，往往能够为整个行业设定标准。最初，他所设计的摄影机每秒曝光46祯，但很快，他就判定，更有效率的曝光次数，应当为每秒20至25祯。（目前电影院里影片的播放速度，为每秒24祯）。爱迪生对于胶片宽度的选择同样影响深远。进行了不同尺寸的实验后，爱迪生最终决定，赛璐璐制胶片的宽度，算上为片孔预留的位置，应当为35毫米。而这也在之后的一个多世纪成为电影行业的标准制式。

等到1889年时，爱迪生已经基本完成了摄影机的研发工作，这一装置被他称之为“活动电影摄制机”（the Kinetograph）。但直到两年后，他才对此申请专利。“我当时全身心投入到其他事情上。”爱迪生后来写道,典型的话里有话,“其他事情”,当然包括他与乔治·威斯汀豪斯之间的尖锐斗争——在这一时间点,这场较量已然进入白热化状态。此时,哈罗德·布朗所进行的动物实验,以及在纽约州推动将交流电用于执行死刑的努力,都处于风口浪尖。至于摄影机,只好退居其次了。

几年后,当爱迪生再次将注意力转到摄影机上来时,他又拿出了一种被称之为“活动电影放映机”(the Kinetoscope)的装置,用来回放影片。简单来说,这就是一个大木头箱子,里面安装的电动马达带动50英尺长的胶片。观众通过安装在箱子上方的放大镜观看箱子里面播放的活动影像。这一装置在1893年芝加哥举行的哥伦布纪念博览会上展出,并成为这场由西屋公司主导的盛会上,爱迪生收获的为数不多的胜利之一。 150

因为自己所发明的机器尚无任何市场,因此爱迪生又开始着手开发这片处女地。首先,他需要制作可供活动电影放映机使用的影片。1893年2月,在位于东奥兰治的实验室,爱迪生建起了世界上首座摄影棚:一个被称之为“黑色玛丽亚”(Black Maria)的奇怪建筑。狭小的房屋面积不足25平方英尺,铺着倾斜的屋顶,整个基础都建立在一个枢纽之上,使之可以旋转,而配合光照的变化。

整栋房屋外面铺设有油毡纸,里面也涂刷成浅黑,确保处于显眼位置的演员能够以最为强烈的对比形式得以显现。

“黑色玛丽亚对于陌生人来说,堪称一个可怕的存在,特别在它像风暴中的孤舟般开始旋转的时候。”爱迪生回忆道,“但我们还是想办法在这里拍摄电影。而且,说到底,这才是动真章。”

从1893年开始,爱迪生的团队接连拍摄了一系列短片。其中大多数都在一分钟左右,毕竟爱迪生最开始研制的摄影机,所装载的胶片,只能维持大约一分钟二十秒。现存最早的享有版权的影片,名为“1894年1月7日,爱迪生活动电影放映机,打喷嚏的记录”,主要表现了爱迪生手下弗莱德·奥特(Fred Ott)对着摄影机打喷嚏的场景。

很快,表演者开始纷至沓来,如走马灯般光顾“黑色玛丽亚”。健美运动员尤金·桑德罗(Eugen Sandow)①在1894年拍摄的一部短片中,展现了自己强健的肌肉,还摆了几个其他的造型。其余的影片内容中,出现了走钢丝的男子、翩翩起舞的女子、斗鸡的场面,以及“水牛”比尔

① 尤金·桑德罗(Eugen Sandow),1867年4月2日—1925年10月14日,德国健美先驱,被称之为当代健美之父。——译者注

(Buffalo Bill)领衔的“狂野西部秀”中的一个桥段。还有一部短片拍摄了拳击冠军“绅士”吉姆·科伯特(Gentlmman Jim Corbett)与某位对手在拳击场上的争斗场景。此次比赛显然是摆拍,自始至终,科伯特都对着镜头露出易于察觉的迷之微笑,演技之拙劣,为后来的蹩脚演员们开创了先河。爱迪生的电影拍摄团队,仅在1894年一年,就摄制了超过75部短片。

151

在“黑色玛丽亚”,迪克森本人执导并负责拍摄了很多早期影片。1895年,他更进一步,走到台前,拍摄了一部实验性质的短片。在这部影片中,台上两名男性服务员翩翩起舞时,迪克森对着一部留声机演奏小提琴。这也是迄今为止首次尝试为电影提供同期的音轨。虽然真正的影音同期还似乎遥不可及,但迪克森和他的团队却已经开始了这一方面的艰难探索。

起初,在“黑色玛丽亚”拍摄的短片,都要依靠活动电影放映机——爱迪生发明的那个只供一人管窥的大家伙——加以回放。1894年,首个“活动电影放映室”在纽约开张,五台机器派出一列,交纳25美分,就可以在其中任选一台加以观看。

但爱迪生并没有预见到看电影本身未来势必发展为一种群体性的娱乐活动。他固执己见,拒绝将自己拍摄的影片投射到墙或屏幕之上，理由在于担心投射后的图像不甚清晰。和他的很多发明一样，爱迪生更擅长的是为公众提供某种耳目一新的发明，而不是准确预测人们最终究竟会如何使用自己的发明。他错误地认为，看电影应当属于一种私人进行的个体活动，但事实上，很快，“去看电影”本身便获得了独立于影片内容的属性。这迅速演变为一种群体活动，也促使电影成为20世纪的主导型娱乐产业。

爱迪生也意识到了电影的娱乐价值，但在某种程度上始终坚信自己的发明应当服务于更为高贵的目标。“我相信，电影的最终命运，在于革新我们的教育体制，在未来的几年，它势必取代学校里使用的教科书，即便没有达到彻底的程度。”爱迪生宣称。

但事与愿违，很快，电影就被打着诸如“莫托魔镜”(the Mutoscope)①、“梵多魔镜”(the Phantoscope)②以及“维塔魔镜”(the Vitascope)③品牌的机器投射到墙壁或银

---

① “莫托魔镜”(the Mutoscope)，于1894年申请专利，而其设计者，就包括爱迪生之前的助手迪克森，因为结构更为简单，因此大受欢迎。

② “梵多魔镜”(the Phantoscope)，于1894年首次实现了动画的墙面投射，其结构设计与爱迪生的放映机原理存在显著区别。

③ “维塔魔镜”(Vitascope)，于1895年问世，也是首个使用光源将动画投射到屏幕上的机器。

幕之上。这些机器中,没有一台与爱迪生有关。其中,最为成功的,当属“维塔魔镜”。它于1896年在纽约一间剧院进行的首次剧场投影展示,使之一夜之间变得家喻户晓。屏幕上的映像如此鲜活,以至于坐在前排的观众,面对演员所做出的活动纷纷起身躲避。

152

投影催生了观众的兴趣,同时也扩大了收入,更为重要的是,电影产业年年出现爆炸式增长。1900年,爱迪生差点就彻底离开这一行业,但在最后关头,他撤回了将自己与电影有关的权益销售给对手——“美国莫托魔镜及传记公司”(American Mutoscope and Biograph Company)——的决定。

在电影制作的技术方面,爱迪生堪称一名勤勤恳恳的好学生,但他对于这种艺术形式本身并无太大兴趣。很多人相信,爱迪生本人执导并拍摄过电影短片,因为这些影片都主打由“爱迪生制片公司”(the Edison Manufacturing Company)摄制。但显然,爱迪生绝非个性鲜明的导演。他的角色,大体上更接近目前好莱坞电影圈里的所谓执行制片人——高高在上,负责监督制作团队认真履职拍摄电影。

对于爱迪生而言,最好的电影主题一定要取自真实生活,而他的审美品位,更青睐一些罕见甚至有异于常人的题材。例如，他的公司早期推出的“拳击猫”（*Boxing Cat*）一片，描写的就是两只带着小手套的猫，在迷你拳击台上彼此争斗的场景。而在“苏格兰女王玛丽被执行死刑”（*The Execution of Mary, Queen of Scots*）一片中，拍摄者则使用特技，模拟还原了女王遭斩首的过程。在1901年拍摄的“乔戈什被执行电刑”（*Electrocution of Czolgosz*），则重现了对于刺杀总统威廉·麦金莱（William Mckinley）的凶手执行电刑的过程。一名演员被束缚在奥本监狱的电椅上，在交流电的火花中命丧黄泉。

对于托普西的电击处死，必定会给观众带来更加瞠目结舌的视觉震撼，这种诱惑对于爱迪生而言，显然无法抗拒。杀死托普西，不仅能够让观众感到震撼，还能使他们意识到交流电具有致死威力。在电击处死托普西的当天，爱迪生派出的摄影师，被安排在第一排以观察整个过程，而其拍摄的时长为一分半的短片——“电杀大象”（*Electrocuting an Elephant*），事后的确证明是爱迪生主持拍摄的迄今为止最为耐看也最为吸引人的影片。

影片开始部分，托普西被三名驭手带领着穿过尚未153完工的月神乐园，其中一名驭手在前面引路，另外两人则走在后面压阵。这个过程的安排经过深思熟虑，思路非常清晰，给人以罪犯走上刑场的感觉。托普西的头上带着轭具,脖子和后背都系有粗绳。摄影师缓慢移动镜头,以跟随托普西的行动轨迹。背景中,偶尔闪见看热闹的围观者:坐在一堆建筑材料上的男性工人,一小撮探头探脑观看的旁观者。随着镜头的拉伸,还能看到数百位身着冬装的观众,站立在一处凸起的木质平台上。托普西则慢悠悠地走在显眼处,一度曾十分接近摄影机,满是皱纹的头部几乎填充了整个画面。

接下来的影片显然经过了剪辑,因为突然间托普西就矗立在为行刑搭建的台子上,四蹄分开。这个时候,爱迪生派出的工程师已经将电极安放在大象的腿上。两根绳索将托普西控制在地面,并用铜质的脚垫对大象的脚做了固定。镜头停留在托普西身上,背景中,马上就要开业的月神乐园打出的宣传招贴“康尼岛之中心”字样,依稀可见。

突然,托普西的整个身躯变得僵直,象鼻反向弯曲,脚下冒出嘶嘶的白烟,很快便结成了一团浓雾。大象的身体开始向左侧倾斜,然后,像一颗大树一样,轰然倒地。激起的无数烟尘,居然在好几秒钟的时间里,将托普西的尸体笼罩起来,几不可见。突然,一位看客从镜头前面快速穿过,显然没有注意到摄影机的存在。随着烟尘逐渐散去,只见大象瘫倒在地。镜头固定在托普西的尸体上。它一动不动,只有后腿偶尔抽搐了几下。

接下来,和刚开始一样,影片戛然而止。杀死托普西,只用了十余秒。当它被就地分尸时,附着的电极温度尚存。托普西的肢体被分解后四分八落:头部被保留作为标本,兽皮卖给了皮革商人,主要脏器捐赠给了一位普林斯顿大学的动物学教授,象脚背用来作为伞架。傍晚时分,现场除了少数散见的肢体残块,以及地上的黑色印记之外,已经空无一物。

154

纽约各大报纸,对于托普西被电击处死一事进行了大肆报道——“恶象终被处死”,《纽约商业顾问》(*The New-York Commercial Advertiser*)以此为题。“一个不值高歌的事件”,《纽约时报》在其头版报道中如是说,这一表述,对于形容交流电与直流电之争也显得颇为贴切。但这一令人毛骨悚然的奇观,并未使公众改变对交流电的看法。毕竟,用来电杀托普西的能源,也恰恰在给播放相关影片的观影设备提供电力,更别说整个康尼岛上的游乐设施了。电杀托普西,只在瞬间掀起波澜,很快便在人们的记忆中渐渐消失不见。颇为应景的是,月神乐园,也在1944年的一场离奇大火中化为焦土。

然而,有一件事物,却留存了下来:电杀托普西的短片。和那个时代大多数影片不同,爱迪生公司拍摄的影片大多都得以流传后世,恐怕这也拜这位发明家的鼎鼎大名所赐。1940 年,纽约现代艺术博物馆(Museum of Modern Art in New York)收集到了来自爱迪生制片公司的硝酸盐负片,开展了一项翻新拯救计划,以向公众展示。到了二十世纪七十年代初,爱迪生公司的相关硝酸盐负片都得以转换为更为稳定的电影胶片,从而确保未来的世世代代可以欣赏这一宝贵收藏。美国国会图书馆(the Library of Congress)也征集并保存了相当丰富的爱迪生公司影片。

现在,电杀托普西的影片依然随处可见,甚至还推出过包括这一短片在内的爱迪生公司所拍短片 DVD 合集!就在这头大象轰然倒地处不远,康尼岛博物馆也收藏有这一短片的副本,以飨到访的参观者。

“人们都被吓呆了,但同时也会有几分着迷。”康尼岛博物馆馆长、饰有纹身的迪克 · 吉坤(Dick Zigun)颇为得意,“这绝对算得上历史当中令人瞠目结舌的一瞬间。”

如果要在这里欣赏这部短片,观众需要站在铜质的脚垫上——和托普西一模一样——从一台莫托魔镜的取景器里,窥视那场早已被人忘却的斗争中出现的鲜活一幕。

11

电池之殇

155 **到**此为止,即便是对爱迪生最为忠实的拥趸,也只能承认,直流电已然输掉了这场制式之战。只能为发电站方圆一英里范围内提供电力的直流电,明显无法满足美国飞速增长的用电需求。唯有使用交流电,才能实现廉价、高效的远距离电力传输。

但爱迪生却并未放弃直流电。基于此生最大的财富,也是最鲜明的性格特征——固执己见——他一直顽固地坚持认为,直流制式,就其本身而言,与交流制式相比,更具技术优势。当爱迪生还是个年轻的报务员时,就曾与直流电池组朝夕相处,成年后,他又亲力亲为,建设了这个国家首座直流发电站。他还不打算放弃这一制式标准。对于爱迪生而言,直流制式,有一点与自己的性格投契,这就是它的直来直往,显而易见。即便没有被选用为家庭及商业供电的统一标准,也总应该有供直流电大显身手的舞台。可问题是,舞台在哪里?

在爱迪生看来,到了 19 世纪 90 年代,答案已经显而易见:机动车。和其他发明创造一样,首批机动车,建立在一系列彼此矛盾的标准之上。有的型号使用蒸汽,有的型号使用汽油或柴油,还有的机动车使用可反复充电的电池驱动。

蓄电池——本质而言就是一盒子直流电——立刻引发了爱迪生的关注。他很早就意识到,在设定统一的技术标准之前,汽车行业不可能获得广泛的公众认同。于是,从 1899 年开始,爱迪生将眼光聚焦到开发出一种足以引领机动车动力世界通行标准的蓄电池上。而他的电动车这一理念,足足领先于时代一个多世纪。 156

可以反复充电的蓄电池,最早于 1859 年由法国化学家嘉斯顿·普兰特(Gaston Planté)首先发明。跟将化学能转化为电能并势必最终消耗殆尽的标准一次性电池不同,蓄电池可以在电化学能释放完毕后再次加以蓄积。通过对电池的正负极加载直流电,就会让电池的电极恢复到初始状态,从而进行二次供电。早期的蓄电池,内装铅酸,二者产生化学反应,由此制造直流电。铅酸电池不仅笨重,而且还存在十分严重的腐蚀泄露风险,而上述特征使之并不适合装配在机动车上使用。但爱迪生坚信,自己能够拿出更好的替代性解决方案——轻质、无腐蚀性,一次充电可以保证机动车连续行驶数百英里。

“如果付出了真诚的努力,我想老天不会如此无情,拒绝向探求者泄露天机,告诉他如何才能制造出一块好的蓄电池。”爱迪生宣布,“我将开始探求。”

爱迪生一头扎进电池的研究工作,带着自己标志性的风格。他找到了自己的状态,对于理想电池的探求,完美兼容了自己最为钟意的科学门类——化学——以及自己最为偏爱的试错调查。如果能够找到性能更为优越的蓄电池,就可以藉此让直流电咸鱼翻身,重登台面。关于蓄电池,爱迪生预言,“将开启电学的新纪元。”也就是说,直流电将和交流电并驾齐驱,共同成为实质意义上的世界标准。

但这种探求给爱迪生所带来的挑战,丝毫不亚于当年研发白炽灯。在蓄电池的研发过程当中,他需要找到通过化学反应足以引发强有力且非腐蚀性电流的精确配比。在蓄电池中,两根被称之为电极的金属棒,通过导线相连,浸没在被称之为电解液的物质里。电极与电解液

157

发生化学反应,通过回路制造电流。当时的铅酸电池,一般包括由铅及二氧化铅所铸造的电极,以及酸质电解液。爱迪生需要找到另外一对组合,既能避免铅酸反应所带来的不良副作用,又能产生类似的强劲电力。探求,一直没有停歇。

“爱迪生蓄电池公司”(the Edison Storage Battery Company)副总,同时也是爱迪生左膀右臂的沃特·马洛里(Walter Mallory)这样回忆爱迪生对于完美电池配方的孜孜以求:“我在一条长凳旁找到了爱迪生,凳子上摆满了由其麾下化学家及实验员组装的上百台微型实验电池组。而他安坐其间,埋头于实验、计算与设计。这时,我才了解到,为了发明出新型蓄电池,他已经如此这般做了不下九千次实验,依然未能如愿求得正果。看到他如此殚精竭虑,身心俱疲,一时间同情心战胜了理智,不由得脱口而出,‘付出了如此多的努力,依然一无所获,这是否会让您感到脸上无光?’‘一无所获?’爱迪生转向我,目光如电,‘为什么这么说,老兄,是收获颇丰才对!我起码已经弄清楚好几千种东西是不管用的了!’”

尝试过数千种配方后,结果依然不尽如人意,新型蓄电池依然艰难止步于实验笔记阶段。即便如此,爱迪生依然针对自己设计的蓄电池原型产品进行耐久性测试,如让手下的工人将蓄电池从二楼甚至三楼窗户扔出去,以测试其是否禁摔而不会因此出现漏液。历经三年多魔鬼实验后,爱迪生才敲定了最终胜选的组合:使用镍作为正极,铁作为负极,使用氢氧化钾为主要成分的碱性溶液作为电解液。

1904年,这种被称之为E电池的产品,被强力推向市场,爱迪生更是大言不惭地满世界大肆宣传这种电池的好处。藉此,很快"每户家庭都将拥有自己的迷你发电机……自己的电动车。"爱迪生更是宣称,"新时代业已到来,无需求助他人提供服务,你我不仅可以用电为家照明,还可以为自己的机器设备充电,用电取暖,以及烹煮食物。"质言之,人类将不再需要电线为自宅输送交流电。未来,将属于便携式交流电,而这可以由爱迪生发明的蓄电池加以提供。

158

然而,爱迪生的获胜宣言,有些言之过早了。几乎就在E电池投入市场的同时,它在使用过程中暴露出来的问题报告便纷至沓来。容易漏电、接口故障、放电过快(特别是在冬季)等故障层出不穷。爱迪生也因此深受其害。毕竟,这些电池打着爱迪生的名号,而这对他而言,意义大于一切。不顾商业顾问的反对,爱迪生立即召回了所有E电池,关闭了生产线,并为此付出了惨重的代价。

召回,对于大多数生产厂商而言,意味着滑铁卢,但爱迪生却可以从自己的其他生意中调整头寸。其公司在电杀托普西一片上映后不久,于1903年推出的电影《火车大劫案》(*The Great Train Robbery*)风靡一时,成为人类历史上首部热门电影。该片带来的巨额收益,让爱迪生本已触礁的电池生意再次起航,而这位发明家更是变得无比坚决，誓要推出更好的蓄电池。

“在研发留声机时，我们可以眼看耳听，更可借助高倍显微镜，”爱迪生说到，“但蓄电池的实质问题，却看不见，听不到，只能依靠心灵之眼才能加以体察。”

此时，爱迪生的确几乎什么都听不到了。1905 年，他罹患了中耳炎，不得不进行了手术，并因此彻底丧失了之前残存的微弱听力。由此，他左耳失聪，右耳的听力也严重受损。在很多照片中，年迈的爱迪生看起来都是在将自己的那只“好”耳朵竖起来，对着说话人，以弄清对方到底说了什么。

即便如此，爱迪生依然在不懈追求。他的一名雇员这样回忆，“偶尔，在长时间工作后，爱迪生先生就会想要小憩一下。最搞笑的就是看他爬到一架卷盖式写字台上面，蜷缩起来打盹。他会用几卷《韦氏化学词典》（*Watts's Dictionary of Chemistry*）当作枕头。我们这些人曾开玩笑说，爱迪生会在睡觉时吸取书中的内容，因为一旦醒来，他就会思如泉涌。

159

为了激励自己的员工，爱迪生在实验室中高悬起大大的告示，上面标注着电池的配方实验已经尝试过了多少种物质。从 1905 年至 1909 年，历经四年多的上万次实验，爱迪生终于推出了一种全新的电池设计方案。他开发出一个特殊的工艺流程,首先,在金属棒上交替覆盖铜片及镍片,然后通过电浴的方式将铜溶解,从而制造出超薄的镍片,以此作为电池的正极。电极内部交替敷以镍水化合物及镍片,之后加以高压锻打,压强高达每平方英寸四吨。这样,可以确保整个电池内部实现近似完美的接触,从而具备良好的导电性,同时降低电池重量。历经十年,投入近百万美金巨资,爱迪生发明的蓄电池终于做好准备为世界提供电力。

爱迪生宣称,全新设计的 A 型蓄电池,"是一种近乎完美的装置"。

他发动了令人炫目的推广活动,将一台电力驱动的机动车,投入十分残酷的上千英里耐力测试。杂志、报纸上充斥的广告宣称,"这种电池,比您爱车的寿命更持久"。一台装配了爱迪生设计的这种蓄电池的"底特律电动"(Detroit Eletric)[①]在广告中表示,"在爱迪生蓄电池的帮助下,底特律获得了连其发明人都不敢相信的巨大成功。不远的未来,不具备上述配置的电动车,都会像单缸蒸汽引擎汽车那样,彻底过时。"

---

① "底特律电动"(Detroit Eletric),电动车品牌,由位于密歇根州底特律市的安德森电动车公司(the Anderson Electric Car Company)1907 年至 1939 年出品;这一品牌于 2008 年被再次投入使用。

爱迪生设计的这款蓄电池,让电动车的充电间隔达到了一百英里。某次测试中,一台底特律电动车单次充电后的行驶距离超过二百英里。这种电池几乎无需保养——司机需要做的,仅仅是每周给电池加水,一年更换一次电解液。和同等容量的铅酸电池相比,A 型蓄电池质量更轻,在充电时间缩短一半的同时,续航时间还翻了三倍。

在爱迪生看来,蓄电池不仅可以用来拯救电动汽车,更可以为自己所钟爱的直流制式正名雪耻。曾几何时,这位鬼才貌似已经偃旗息鼓,永远无法卷土重来。从1910 年开始,搭载爱迪生设计的蓄电池的电动车销售渐趋热络。这种机动车无需使用按照当时的价格标准计算十分昂贵的汽油,启动便捷,不像当时汽车普遍使用的内燃机那样,必须通过转动手摇曲柄的方式加以发动。虽然电动车的最高时速仅为约二十英里,但当时美国的路况大多不佳,车速再高也无用武之地。仅底特律电动一个品牌年销售量就高达两千台,其中绝大多数都使用了爱迪生设计的蓄电池。 160

被胜利冲昏头脑的爱迪生,渴望终有一天,直流电不仅可以用来驱动汽车,还可以用来为重工业提供动力。届时,直流充电站将会像加油站一样遍地都是,为他设计的蓄电池充电。在直流与交流制式大战中获胜的一方，将会得到清算，最终，爱迪生将被证明他才是真正的胜利者。1910 年，在《大众电子》(*Popular Electronics*)杂志上发表的一篇文章中，爱迪生如是说，“长期以来，本人一直致力于完善改良蓄电池，现在，也已拿出十分适合用于机动车及其他工作的产品。因为配套措施的滞后，很多人还不得不自己充电，但本人坚信，很快，中心充电站就会填补这一空白，并且承担起为蓄电池充电的主要责任。纽约爱迪生公司或芝加哥爱迪生公司对于蓄电池提供的电力，应当与为电动车提供的电力相当，一切，都将在不远的将来得到落实。”

但事实的进展却远非如此。爱迪生设计的蓄电池推向市场后，电动车的销售高峰仅仅维持了两年，随即便出现崩盘，罪魁祸首，在于市场情况的变化，以及科学技术的发展。再一次，爱迪生押错了宝。1912 年，自动点火装置的发明，让内燃机告别了手摇曲柄，使得汽油驱动的汽车发动起来和电动车一样便捷。得克萨斯州丰富原油的开发，极大压低了汽油价格，使得普通工薪阶层亦能负担得起。路况的不断完善，让高速度、长距离的汽车旅行成为可能，这一切，都使得低速度、航程短的电动车处于显著劣势。20 世纪 20 年代，亨利 · 福特推出大规模生产的

161

廉价汽车,更是成为压倒电动车的最后一根稻草。到了20世纪30年代中期,电动车彻底从市场上消失。直到半个世纪之后,才又再次得到严肃对待。

结果便是,虽然爱迪生发明的蓄电池可以在很多方面得到完美适用,但的确不适合用来驱动一台时速需达六十英里,全重超过千磅的汽车。即便如此,这种蓄电池仍然被用来为铁路信号、工程机械、仓库货车、矿工头灯等提供电能,同时还往往被用作交流电的备用电源。在人生的最后二十年,这也成为爱迪生最为主要的稳定经济来源。但蓄电池并未如爱迪生所愿那般得到普遍适用,被迫屈居于交流电的次席——又一次。

乔治·威斯汀豪斯也未能为自己的获胜得意太久。1907年,在世纪之交席卷全面的经济危机中,西屋公司因为过度扩张而走入低谷。债权人迫使其辞去在西屋电气制造公司的职务,将公司控制权拱手让给华尔街银行家结成的利益集团。对于失去自己一手打造的公司,威斯汀豪斯痛心疾首,以至于多年后乘车路过位于匹兹堡的西屋电气公司时,他都会默默将头转向一边,不忍直视。

失去公司后,威斯汀豪斯重新投入到自己的本行——发明——上来。他为美国海军开发的转子蒸汽引擎,很快便取代往复式引擎,成为大型船舶的动力选择,并最终成为世界通行的技术标准。他还为汽车开发出一种改良版的压缩空气减震器,其设计十分接近当今汽车普遍适配的自动减震器。

威斯汀豪斯和爱迪生,再也未能重现当年电流制式的惨烈争夺,爱迪生对于算在自己名下的许多不当之举,也已无力弥补。但就在逝世三年前,威斯汀豪斯获颁“爱迪生奖章”(the Edison Medal),该奖由爱迪生的合作伙伴创办,以纪念他在电动汽车领域做出的开创性贡献。威斯汀豪斯被该奖盛赞为“在建构照明及动力的交流动力系统方面做出了巨大贡献”。颁奖仪式上宣读的颁奖词称:“或许有些讽刺意味的是,今晚被我们授予荣誉的这位,与设立本奖项所纪念的那位之间,曾长期存在激烈冲突。但对于了解爱迪生的我们来说,都十分清楚,他为人大度,且习惯将失败视为成功之母”。然而,说爱迪生即便落败也能体现出雍容大度,却少有实证。他本人并未对威斯汀豪斯获奖表示祝贺,更谢绝公开评论此事。

162

当时,威斯汀豪斯的身体状况已经开始不断恶化,并于1913年彻底告别工作。他一直未能彻底从这年冬天的一次风寒中恢复过来,因为心脏功能太过低下,不得不坐上了轮椅。1914年3月12日凌晨,乔治·威斯汀豪斯被发现死于自己家中的床上,享年六十七岁。遗体旁边,还放着他生前最后一项发明的草图：一台电动轮椅——而且，将使用直流电驱动。

“惊报威斯汀豪斯逝世”，《旧金山纪事报》(*The San Francisco Chronicle*)宣布，同时，还为这则报道增加了一个略显呆板但却十分贴切的副标题，“生命在于有用”。他被以最为隆重的军方礼遇，葬于阿灵顿国家公墓(Arlington National Cemetery)，唁电如潮水般从世界各地涌来。其中一封，来自尼古拉·特斯拉：“乔治·威斯汀豪斯，于我而言，是这个星球上唯一能够在当时的情况下接纳本人设计的交流制式，同时战胜偏见与强权的人。他是这个世界当中为数甚少的真正绅士之一，所有美国人都应为他感到骄傲，同时深深感念他所具有的人性光辉。”

“每每总是想起1888年，乔治·威斯汀豪斯第一次出现在我面前时的那幅场景。”特斯拉后来回忆。在谈到直流与交流制式之间所爆发的惨烈争斗时，他这样表示，“这个人身体内所蕴藏的巨大能量，仅仅得到了部分施展，但即便如此，对于我这样一位粗浅的旁观者来说，都已经算得上相当令人敬畏了。对于斗争，他乐在其中，且从来不会丧失自信。当其他人都灰心丧气打出白旗时，就意味着他将获得最后的胜利。”

163　即便丧失了公司的控制权,但在威斯汀豪斯逝世时,他留在身后的遗产依然高达5 000万美金。一生中,他总共获得361项专利,值得一提的是,其中一项有关火车自动控制系统的专利,是在了逝世四年后才最终获颁。当然,威斯汀豪斯最为伟大且流芳百世的贡献,莫过于他彻底改变了电力行业的结构布局,用可以远距离输电的交流制式,彻底取代了只能就地供电的直流电系统。

威斯汀豪斯名存千古。他缔造的西屋电气制造公司,业已在二十世纪成为行业龙头。1920年,西屋公司在匹兹堡创立了首个商业电台KDKA①。该公司制造的发电机组,被装配在当时世界最大的水力发电站,而其推出的电冰箱、电烤炉以及洗衣机等,更是悄无声息地走进了千家万户。公司的品牌口号童叟皆知,“西屋造,有保靠”(You can be sure if it's Westinghouse)。

威斯汀豪斯所取得的辉煌成就意义深远,很多社会批评家坚信,他将和其他最伟大的发明家或企业家一样,名垂青史。1922年,一位给威斯汀豪斯作传的作家这样写道,“千百年后,试图对人类生产力发展史做出评价的

---

① KDKA,是美国第一个获颁营业执照的商业广播电台,也是公认的世界上首个商业电台,标志着广播这一大众传媒产业的正式诞生。KDKA于1920年11月2日在美国匹兹堡开始播音,内容为沃伦·哈丁击败詹姆·考克斯当选为总统的消息,瞬间引发轰动。

智者学人，在选取时代人物的时候，无疑将会把乔治·威斯汀豪斯的大名，优先选入这份熠熠生辉的名单。”

但乔治·威斯汀豪斯在人们记忆中停留的时间，远未留存千秋万世，只勉强维持了不到一代人的时间长度而已。很快，这个人以及他所取得的成就，就在公众视野中消失不见。这在很大程度上归咎于威斯汀豪斯本人不愿抛头露面的性格。他很少接受采访，更不会经常撰写私信，并未留下任何日记或笔记，身后也没有汗牛充栋的文件资料。如今，找不到任何一点与乔治·威斯汀豪斯有关的电影资料。在与爱迪生的苦斗中，他从未将其个人化。威斯汀豪斯不爱吹嘘炫耀，更不喜欢引人关注。他所做的就是最终取胜。

威斯汀豪斯的主要盟友尼古拉·特斯拉发现，自己似乎很难从交流制式大获全胜这件事中分得一杯羹。特立独行的性格，让他离群索居，在迫切需求合作的复杂电学领域，宛如一匹孤狼。和善于鼓励大家为了实现共同理想而团结奋斗的爱迪生不同，特斯拉缺乏类似的才能。他很难与他人共事，或者将责任推给别人。这是一个喜欢跟自己较劲的人，无法或者不会从他处觅得灵感或寻求支援。在完成了多相交流电机这一划时代的伟大发明后，特斯拉的才华依旧耀眼。但如果以商人的标准衡量，

164

他却算得上一位彻头彻尾的失败者。

“无法与他人合作,无法和别人分担自己的工作计划,成为特斯拉面临的最大难题。”特斯拉的老伙计,同时也是他的首位传记作者约翰·奥尼尔(John O'Neill)这样写道,“他和同时代的知识界完全格格不入,从而无法让世人了解其大量尚未完全转化为发明创造的伟大理念……无疑,很多项重大的发明,因为特斯拉的这种学术隐士性格,最终与尘世失之交臂。”

在交流电相关研究之后,特斯拉又研发了现在被称之为“特斯拉空心变压器”的感应线圈,由此发出高频、高压电流。他希望能够藉此实现无线输电,将数以百万瓦特的电流传输至世界各地。但这一发明从未投入商用,成为一个不解之谜。

在当时方兴未艾的无线电领域,特斯拉也堪称早期开拓者之一。1898 年,在麦迪逊广场花园(Madison Square Garden),当着众人的面,特斯拉展示了其所申请的一项由无线电控制的船舶专利。他申请的系列专利,为后来世界范围内的无线电传输铺平了道路。以惊人的远见,特斯拉预计,广播总有一日将成为“一种廉价且简单的装置,甚至可以装在口袋里随身携带……同时,还可以用其随心所欲地记录这个世界中所发生的新闻或其他重要信息”。

但伽利尔摩·马可尼(Guglielmo Marconi)这位富有的意大利贵族及发明家,很快便在无线电领域盗得特斯拉所发明的“天雷地火”。1901年,马可尼首次实现跨越大西洋的无线电收发。三年后,美国专利局向马可尼颁发了一项与关键无线电设备部件有关的专利。旋即,马可尼的公司成为华尔街热捧的宠儿,就连爱迪生也最终投资该公司,并获聘出任公司名誉技术顾问。反观特斯拉,除了手里握着的一百多项专利之外,几乎别无长物。1915年,特斯拉起诉马可尼的公司侵犯了自己的知识产权,但却缺乏必要的资源打完这场讼战。最终,美国联邦最高法院于1943年判定,特斯拉在无线电方面申请的专利,在时间上早于马可尼。但一切都为时已晚。马可尼已经并将继续被奉为“无线电之父”。

165

无法让自己的发明变现,使得特斯拉始终面临经济方面的困窘处境。1917年,特斯拉继乔治·威斯汀豪斯之后,获颁爱迪生奖章,理由是“在研发交流电系统及相关设备方面取得了巨大成就”。但很快,现金流中断的特斯拉甚至想过变卖奖章以支付到期的账单。虽然最终听从劝说,并未割爱奖章,他却被赶出了自己在纽约瑞吉饭店(Hotel St. Regis)租住的房间。人生的最后二十年间,特斯拉只能辗转于纽约市的不同旅馆,孑然一身,孤苦生活。

晚年的爱迪生与特斯拉,再无交集。这个时候的爱迪生,早已成为蜚声世界的国际名人,更是一位家财万贯的发明家,一位人所公认的天才。而特斯拉却被视为一个怪人,所取得的也净是些看不见摸不着的"成就"。偶尔接受报纸采访时,特斯拉都会不失时机,对爱迪生及其如日中天的传奇故事吐槽,例如,爱迪生的很多发明,依靠的都是助手们的智慧,而非其本人的独创。对于事情演变的最终结果,特斯拉的确应当感到有些苦涩。爱迪生从数以百计的手下工人处获得加功帮助,顺利成为生活安逸的百万富翁。特斯拉凡事亲力亲为,到老却落得两手空空。

如特斯拉的密友奥尼尔所言,"在此方面,特斯拉或许对爱迪生内心多有不平之感。这两位性格迥异,绝非同类。特斯拉完全不具备大学般兼容并蓄的胸襟,也就是说,调整自己,在知识获取及实验展开方面与别人进行协作。他更不会予取予求,而是完全自给自足。相反,爱迪生则更具备合作意识或执行力。他有能力吸引一流的助手为己所用,并将发明研究的实质部分放手由这些人加以完成。"

166

暮年的特斯拉,行为举止愈发怪异。他在七十八岁的生日当天,接受采访时宣称,自己已经研发出一种威力足以在250英里开外摧毁多达10 000架飞机的"死亡光束",藉此,可以轻而易举让数以百万的敌军顷刻间灰飞烟灭。他还表示自己已经设计出了一种能引发滔天巨浪的设备,可供美国海军用来摧毁敌方舰队。特斯拉还致力研究一种"电动鱼雷"(Telautomaton),而这种自驱动机器的神奇之处在于,可以通过人类眼神所传递的信息加以控制。

后来,特斯拉在位于曼哈顿的纽约客酒店(Hotel New Yorker)——同时也是当时全纽约规模最大的酒店——安顿了下来。在这里,他养成了饲喂鸽子的怪癖,并以此成为纽约公立图书馆及圣帕特里克大教堂(St. Patrick's Cathedral)正门广场的常客。拿着一整袋鸟食,站在广场中央的特斯拉低声吹出口哨,鸽子便会从四面八方蜂拥而至,铺满整条甬路,甚至落在他的肩上。如果实在无法抽身,特斯拉会叫来西联公司的送信男孩,除正常支付费用之外,还会给上一美元小费,让其代为饲喂鸽子。

特斯拉还会将自己在宾馆的房间窗户大敞四开,从而让鸟儿飞来进食。1937年,他在过马路时被一辆出租车撞倒，断了三根肋骨，脊柱也严重受伤，被迫卧床数月，但还是在能够走路后第一时间前去喂鸟。

"对于认识他的人来说，特斯拉对喂鸽子这件事的专注，无非就是这位科学怪人的另一怪癖，"约翰·奥尼尔写道，"但如果他们真得走入特斯拉的内心，或者读懂他的想法，就会发现，自己所目睹的，是这个世界上最为疯狂，但同时也最为柔软、最为令人动容的一场爱恋。"

167 1943 年 1 月 7 日，特斯拉被发现死于"纽约客饭店"3327 房间的床上。将近两千人，出席了在圣帕特里克大教堂为其举行的葬礼。为其抬棺的人当中，包括通用电气以及西屋电气公司的执行官。曾经围绕电流制式展开你死我活争夺的双方，现在共同走在了棺材的两侧。

特斯拉逝世仅仅两天，"美国外国人财产管理办公室"（U. S. Office of Alien Property）的探员就闯入其生前居住的酒店房间，将所有财物悉数查扣，其中就包括一箱子技术资料。特斯拉经常挂在嘴边的"死亡光束"等研发工作，并未被美国军方所忽视。随着"二战"进入白热化，美国政府迫切希望采取措施，确保特斯拉的文件不会流入敌人之手。一位负责此事的政府专家花费数日查阅特斯拉留下的这些资料，之后断定，尽管其中包括大量有关能量无线传输的设想，但"并不具有任何全新、合理、实用的技术原则或将相关设想变为现实的具体方法”。

美国联邦调查局在特斯拉死后提交的报告更加直截了当,“就特斯拉而言,酒店经理反映,在过去的十年间,此人一贯行为怪异,如果不算是精神失常的话。因此,他在此期间能否真正创造出任何有价值的东西,值得怀疑。”即便如此,觊觎特斯拉可能确已研发出“死亡光束”的美国军方,在此后数十年间始终对其研究深感兴趣。

第二次世界大战刚刚结束,美国空军便着手开展了一项代号为“尼克计划”(Project Nick)的研究项目,旨在参照特斯拉的相关文件,考察光能武器的可行性。到了二十世纪八十年代末,空军方面对特斯拉的兴趣渐浓,希望特斯拉创意的光能武器可以用于一项被称为“星球大战计划”(Star Wars)的空基反导武器系统。1981 年 2 月,一位参与“战略防卫构想”[①]项目的美国空军中校向时任美国联邦调查局局长威廉·韦伯斯特(William Webster)提交报告称,“我们认为,特斯拉文件中蕴含的特定原则,对于美国国防部目前正在的某些研究开发项目而言,极具价值。因此,如果可以接触到上述文件,将会十分有助

① “战略防卫构想”(The Strategic Defense Initiative, SDI),是美国在冷战期间构想的一种全球反导系统,主要使用携带导弹或激光武器的在轨卫星,对敌国发射的洲际弹道导弹进行侦测及拦截,俗称“星球大战计划”。

上述工作的开展。”

但和星球大战一样，特斯拉的所谓“死亡光束”同样不太靠谱。在这方面，特斯拉的确有些眼高手低了。步入暮年后，特斯拉构想的很多方面都似乎逾越了天才与疯子的鸿沟。他最好的发明，的确就是他最早的发明：多相交流电动机。即便此后的人生变得乏善可陈，但这一切已经变得不甚重要了；毕竟，在他的帮助下，万家灯火才得以最终点燃。

168

在所有曾经投身这场直流与交流大战的人当中，输家的下场反倒最好。托马斯·爱迪生虽然因为自己引以为傲的直流电标准落败而摔了个大跟头，却并未大伤元气。这位发明家参与的项目实在太多了，任何一项失败，都不足以使其遭遇财务危机。不过，自此爱迪生再也没有从事任何与电有关的重要实验项目。他品尝了失败的苦果，这个教训不可谓不深。“人们终将忘却，进而不再将我的名字和电联系在一起。”晚年时的爱迪生如是说。当然这更多的只是一种希望，而非一种预测。

即便事实已经证明，蓄电池无法作为汽车或其他工业领域的主要动力来源，爱迪生依然坚持继续完善自己的蓄电池。但他的很多助手纷纷离职，自行成立公司创业。很快，他位于奥兰治的实验室便人去楼空。1914 年

12 月 9 日晚,实验室储藏易燃化学品及其电影公司储藏胶片的楼层发生火灾。巨大的火苗从房顶蹿出,引燃了临近的建筑,整个实验室变成了一片狂怒的火之地狱。爱迪生的所有工作成果都付之一炬,但这位发明家似乎对火势之大更为印象深刻。看着熊熊燃烧的实验室,爱迪生告诉自己的儿子查尔斯,立即回家把爱人带到现场。“把她带来,包括她的朋友。”爱迪生说到,“她们将再也看不到如此猛烈的大火。”

在相当长的一段时间里,爱迪生都和通用电气这家自己亲手卖出去的公司没有任何往来。但进入古稀之年,随着年纪的增长,他变得不再那么固执,最终态度和缓地于 1921 年秋参观走访了位于斯克内克塔迪的通用电气总部及其巨大厂房。这距离他离开这家公司已经过去了四分之一个世纪,一切都已物是人非,难以辨别。这个时候的通用电气公司,已经成为世界领先的交流电发电机、变压器及输电设备制造商。而且,通用还开始生产航空发动机的增压器,由此涉足刚刚兴起的航空业;为家庭生产电冰箱及电烤炉;为医院生产 X 光机,等等。对于这次参观,爱迪生似乎颇为中意,但他后来也曾抱怨过通用电气公司的实验室,特别是其中弥漫的谨小慎微的官僚作风。在他看来,最好的发明,只能出自更为侧重个人远

169

见而非聪明团队的实验室。爱迪生认为,通用电气公司内部有的是听话的士兵,缺少的乃是领军人物。但他本人所笃信的这种范式,已经成为过气的老黄历。1931 年,获得批准的公司专利数量,首次超越个人专利数量。

晚年,爱迪生重新关注起自年轻时代便魂牵梦系的一个问题:教育。一直以来,没上过几天学的爱迪生极力反对正规教育模式,坚持认为最好还是通过批判性思考的方式完成自我教育。而现在,他愈发强烈地笃信,高等教育纯粹是在浪费时间及金钱。大学需要教会学生如何思考,而不是灌输大量毫无用处的客观事实。唯一受到爱迪生青睐的教育哲学,乃是倡导学生应在不受限制、不受批评的情况下自主学习的所谓"蒙台梭利教学法"(Montessori Method)。

"除了工学院毕业生之外,我不会给普通大学毕业生出一分钱。"爱迪生宣称,"这些家伙满脑子都是什么拉丁语、哲学等没用的东西。美国需要的是具备实践技能的工程师、商业管理者与产业工人。"

爱迪生甚至还自行开发出一种"智商测试"(IQ test),并要求员工入职前接受测试。他则将自己的这套测试称为"伊格诺拉莫米德测试"(Ignoramometer)。像极了他本人,测试中的 150 道题都显得古灵精怪:有轨电车的车用电压为多少?(当时的标准为600伏特)哪些国家生产红木?(巴西及玻利维亚)“马格达莱纳湾”(Magdalena Bay)在何处?(加州)搭建长宽高分别为“12英尺×20英尺×2英尺”的水泥墙,需要使用多少立方码水泥块?(17.78块)耶稣基督诞辰时,谁是罗马帝国的元首?(奥古斯都)很多问题,都摘自新闻报道。而这一测试本身也引发热议:爱迪生进行智力测试是否明智?抑或只是步入老年后的荒唐之举。 170

“当然,我所关注的,并非一个人是否知道内华达州的州府在哪里,或者何处生产红木,抑或是“延巴克图”(Timbuktu)究竟位于何处。”爱迪生表示,“但如果某个人曾经知道上述问题的答案,现在却忘记了,那么在我看来,是否雇佣此人就应当慎重考虑。毕竟如果他把这些事情搞忘记了,就有可能记不清很多与工作有关的事情。”

1927年,步入耄耋之年的爱迪生宣布,正式退出一切实验活动。生日当天,按照惯例,他接受了各大报纸的访谈,讨论的问题也五花八门,涉及苏联(“那里的一切都像机器般运转,没有人会喜欢那里”)、自己最得意的发明(留声机,因为它“给千家万户带去欢乐”),以及战争的未来形态(“未来战争将主要通过飞机、潜艇以及毒气遂行,步兵联队将不再重要”）。

然而，在所有公开发言中，骄傲的爱迪生对于自己遭遇的最大挫折，即在电流制式争夺战中的惨败，只字不提。他或许永远不会承认曾使用过不甚光彩的手段挑起上述争端，或者承认他的所作所为完全是意气用事，而非自己一贯倡导的理性使然。识趣的记者当然也不会自讨无趣。实际上，美国几乎所有的电灯、发动机及其他工业设备均使用交流电，这一事实本身就足以说明问题了。犯错的铁证，无一不在爱迪生周边轰鸣作响。即便失聪，也能听到。

仅有一次，爱迪生承认了自己在交流电问题上犯了错误，当然，是私下的场合。1908 年，爱迪生在佛蒙特州大巴灵顿巧遇曾任乔治·威斯汀豪斯的总工程师、并设计出美国首个交流输电系统的威廉·斯坦利（Willam Stanley）之子。爱迪生示意小斯坦利靠上前来。“哦，顺便说一句，”爱迪生低声说道，“告诉你父亲，我当年是错了。”

爱迪生谨小慎微地刻意避免任何会让自己想起那场电流制式之争的一切，特别是当时自己的主要打手哈罗德·布朗。在对威廉·凯姆勒执行电刑后，爱迪生与布朗便分道扬镳，就此别过，尽管布朗一直想尽办法扯起爱迪生的“虎皮”。1902 年，布朗一度对外自称“爱迪生—

布朗塑胶铁路连接材料”的独家代理,声称他与爱迪生合作研发出一种用来结合钢轨的介质。当爱迪生听说布朗此番言论后,立即派出自己的律师,迫使布朗将爱迪生的名字从公司信纸以及广告中撤掉。三年之后,布朗故技重施,试图为一种连接材料注册“爱迪生固体合金”的商标。爱迪生的律师再次介入,向美国专利与商标办公室积极施压,同时爱迪生本人也致信布朗,“指责他在与自己的关系中不够真诚”。再一次,布朗不得不放弃打出爱迪生的名号。

当然,布朗绝对不会忘记提醒任何愿意听他说话的人,自己曾和爱迪生“共事”过。这显然与他当年矢口否认曾由爱迪生支付报酬的言论大相径庭。1918 年,布朗成为主要由爱迪生前雇员组建的“爱迪生先锋”(the Edison Pioneers)的创始成员。布朗宣称,自己早在 1876 年便跟随爱迪生开始工作,如果此言为真,就将让他成为爱迪生最早那批雇员之一。到了二十世纪四十年代,尚有五名“爱迪生先锋”组织成员健在,其中就包括哈罗德·布朗本人,而他依然在这位点亮世界的发明家盛世威名荫蔽下过得十分滋润。

垂暮之年的爱迪生,被奉为国宝,成为美国智慧的象征。1928 年,因为毕生致力发明创造,爱迪生获颁“国会荣誉勋章”(Congressional Medal of Honor)。翌年,他开始身体不适,并在纪念其发明白炽灯五十周年的纪念活动中晕倒。虽然后来只能躺在靠椅上,但爱迪生依然孜孜不倦于实验工作。1931 年,爱迪生获颁第 1908830 号专利,“供电镀用物品支架”,这是他发明生涯中的第 1 095 个专利,这也是他的最后一项发明。

进入盛夏后,爱迪生的身体状况急转直下,连续数月挣扎在生死边缘。1931 年 10 月 18 日凌晨,爱迪生被发现死于自己位于新泽西州奥兰治的住所床上。曾经无比炫目的那盏明灯,就此熄灭。

172

爱迪生的遗体,被安放在他实验室的图书馆里,停棺两日,周围摆放着许多与发明有关的纪念品。“世界因爱迪生的魔法而变”,《纽约时报》的煽情标题倒是千真万确。

一群爱迪生的崇拜者积极推动一项独特的纪念活动:葬礼当天,全美暂停通电两分钟。但这一建议遭到了各大工矿企业主的强烈反对,他们认为切断电力将会造成数以千万计的产能损失。虽然在他们出生时这个世界还没有电力可言,但拜爱迪生所赐,现在,这个世界连两分钟停电都已经承受不了。作为妥协,爱迪生葬礼当天晚间 10 点整,全美所有的电灯自愿灭灯。两分钟后,灯火再现,使用的全部是爱迪生曾倾力诋毁贬斥的交流电。

12

直流复仇

随着爱迪生的去世,直流电也失去了最后一张王牌。但此时,什么王牌都已经无力回天了。到了 20 世纪 30 年代时,几乎一切都在使用交流电——发电机、发动机等种种电气设备——而依照交流电标准投入的研发经费更是达到天文数字,走回头路已成奢望。曾经的反对者们——其中最为重要的便是爱迪生一手创建的通用电气公司——现在都变成了交流制式的忠实拥趸。交流电不仅被描绘为高效、安全的发电及送电方式,更被追捧为上帝赐福之物。

“电气化生活……未来的期许。”1944 年通用电气公司在一份广告中这样宣传。略显过分热情的文案这样写道,“电与我们的生活如此紧密地交织在一起,以至于我们对其所具有的魔力不假思索地接受。通过我们的智慧,便可以让这种不眠不休的伟力为我所用,而昨天,这些苦劳还因为无法消解的疲劳与痛苦,侵蚀着我们年轻的容颜、娇嫩的皮肤。但昨天人类的诸般劳苦,已经被今天电力所取代。现在，女性依然意识到，电乃是青春的保险柜，自由的守护神……值得庆幸，女性可以将一项项沉重的工作交付给电，她忠实的仆人，并因此让自己迅速适应一种更为快乐、更为富足的生活——电气化生活！”

通用电气公司通过成功地向公众推销这种全电气化——依靠电线中嗡嗡流过的安静仆人——生活的乌托邦，一举成为二十世纪最赚钱的公司之一。通用及西屋等公司，都在发电及用电器材方面投入巨资，因此，用户使用的电气产品越多，对于这些公司所提供的电力需求也就越大，进而提升公司利润。1940 年，西屋公司的年销售额超过四亿美元，而通用电气更是高达十亿美元。

174

“二战”期间，随着美国转入战时生产体制，用电量直线飙升。杀戮停止后，用电量的需求却继续保持增长。战后婴儿潮的出现，以及居民大举搬往郊区，在很多方面都建立在交流电供应的基础上。20 世纪 50 年代至 60 年代，美国国内发电量年增长率超过 10%，照这个趋势下去，美国的配电网络将变得更加复杂，更加彼此依存。

交流电最大的成功之处在于，可以迅速将自己化为无形，悄悄地穿墙入室，随即便在我们的视野乃至心中消失得无影无踪。20 世纪后半期，几乎所有人都已经将“电”视为一种当然之物，只有在出问题后才对之有所关注。经常性停电，可能会迫使人们意识到现代生活对于电的高度依赖。但问题是，往往在很短的时间内，电力就会恢复，重新穿墙入室，无人关注，隐于无形。

为整片大陆提供电力的庞大输配电网——“北美电网”（the North American Power Grid）——逐步发展为人类有史以来建构的最大“机器”。而电网的全部技术参数，皆建立在交流电自身特质的基础之上，借助这一属性，电力得以相对便宜地远距离传输。

现在，北美电网主要包括四大分系统，各自负责为北美的特定地区提供交流电力。其中，“东部电网”（the Eastern Interconnect）主要负责为落基山脉以东地区供电；“西部电网”（the Western Interconnect）主要负责为落基山脉以西，以及墨西哥北部地区供电；“魁北克电网”（the Quebec Interconnect）覆盖加拿大诸省；“得克萨斯电网”（the Texas Interconnect）则服务得克萨斯及其他边境各州。结果就是，在最终被用掉之前，电能往往需要经过漫长距离的传输。奥兰多某台发电机制造的电能，最终点亮的可能是纽约的一只灯泡；洛杉矶的某台电视机，则需要使用蒙大拿州发出的电力。电力加载到电网后，会沿着宛如蛛网般的复杂线路传输开去。例如，通过电网从威斯康辛州向佛罗里达州供电，很可能就会影响到途经

175

各州的电力供应状况。当年某人对爱迪生就“电”做出的形象描述,并未太过失真:电就像“一条体型很长很长的狗,尾巴在苏格兰,头在伦敦。如果你在爱丁堡拽一下这条狗的尾巴,它就会在伦敦狂吠几声”。

交流电之所以能够在20世纪得势,很大程度上就在于其能够让电力集中通过相互依存的网络互联互通。但是到了21世纪,此种最大的优势反倒变成了最大的劣势。大型集中发电、送电网络内在的脆弱性,已暴露无遗。尽管北美电网采取了诸多预防措施,但特定地区发生的用电过载,时不时就会引发连锁反应,进而导致整片地区陷入黑暗与混乱。1965年11月9日,全电气生活的乌托邦,首次遭遇大规模熔断事故,这就是著名的“北美大停电”(the Great Northeast Blackout)。这一人类历史上首次大规模电力故障,波及到纽约、新英格兰地区及宾夕法尼亚州等广大区域内生活的3 000万人。停电发生在晚高峰期间。被困在停驶的纽约地铁、中断运营的铁路、乱作一团的公路、无法降落的飞机上的乘客,达到了80万人。引发停电事件的罪魁祸首,却只是电网中一枚小小的继电器。

“北美大停电”所引发的后果之一,便是电网增加了大量安全设施,以期避免停电事故的无序蔓延。但事实证明,大规模停电事故似乎根本无法根除。1977 年 7 月,再次爆发的北美大停电迫使纽约市内超过 900 万市民在缺乏电力的情况下生活了整整一天;在漆黑一片的街道上,甚至还因缺乏照明爆发了枪击事件。1994 年至 1996 年,西部电网两次发生大规模停电事故,类似的情况于 1999 年在东部电网再次上演。2003 年 8 月,美国北部及加拿大再次爆发大规模停电事故,为美国的国家安全敲响了警钟,同时也引发对电网重新加以工程设计的广泛呼吁。在恐怖分子横行的时代,大规模、集约式电网系统成为再理想不过的攻击目标。一旦遭到破坏,这种类型 176 的电网修复起来十分复杂且费时费力。在美国发动伊拉克战争三年之后,伊拉克电力生产水平依然无法恢复到战前的峰值状态。

大多数情况下,交流电网的结构都相当复杂,相比之下,未来需要的则是不容易出现大规模断电事故的小规模分散型供电系统。备选的补强方案之一,或许可以让托马斯·爱迪生感到些许安慰:重选直流制式。事实上,交流制式电网中的直流电应用正在静待唤醒,藉此规避交流电网在不同组成部分间传输电力时遭遇的另一大障碍:确保交流电流的波峰和波谷完全同步。美国现行的交流电频率为六十赫兹,当某一区域的电流被送至另外一个区域时，必须确保与既有的电流波峰完全吻合。结果导致在不同频率交流电网间跨区输电时，借助直流输电的方式变得越来越普遍，以彻底规避频率同步的难题。

不同电网间使用高压直流输电方式互联互通的现象越来越普遍，其中就包括联通太平洋西北地区与洛杉矶、跨度达850英里的直流输电线路。让如此长距离直流输电成为现实的关键，在于某项如果生逢其时，必将改变历史潮流，确保爱迪生占据上风的电力设备：高压阀。实质而言，直流电系统中的高压阀，扮演着与交流电系统中变压器类似的角色，实现为远距离输电调高直流电压而为本地用电降低直流电压的效果。20世纪50年代，此类高压阀才正式投入商用，此后，通过大量使用硅材料制作关键零部件，性能得到大幅提升。

现在，欧洲大量使用“高压直流输电”(High-voltage DC，电力行业通常简称HVDC)技术，联通交流制式不统一的各个国家电网。另外，在使用海底电缆输电时，高压直流输电技术也颇受青睐。如果使用交流制式进行水下送电作业，将会累积极高电容，或者蓄积大量电荷，为了克服只好一味增加电流强度，反之，如果海底电缆使用直流输电模式，就根本不会出现上述问题。

177 目前，世界上已经有数十条海底电缆使用直流输电，其中一条穿越 155 英里跨度的波罗的海,连通瑞典与德国;另外一条长达 67 英里的直流输电线路则在海底将新泽西与长岛连接在一起。风力发电站也转而使用高压直流输电系统,收集频率不同的风力发电机所发电流,并将其用电缆传输出去。一家加州企业正在考虑建设 650 英里海底直流电缆,将风电及水电从能源较为充沛的太平洋西北部地区,输送至亟需电力的旧金山湾区。如果建成,这也将成为世界上距离最远的海底高压直流输电线路。如果爱迪生也掌握了这一技术,那么,他在珍珠大街建造的直流发电站,就可以藉此将电力传输至遥远的辛辛那提。

甚至从健康因素考虑,高压直流输电技术也具备碾压交流制式的优势。一些病理学研究报告称,长期曝露在交流电线所产生的低频电磁场中,罹患白血病及其他癌症的风险将会显著增加。虽然这一健康风险问题并未得到最终证实,尚存显著争议,但越来越多的人已经开始努力争取不让新建的高压交流输电线路,横穿自己所在社区。(设想一下,换做哈罗德·布朗将会如何处理此类问题)

用了大半个世纪,直流制式才实现回归,成为交流制式的有力补充。但随着移动电源的需求增加,下个百年,势必再次见证直流制式与交流制式的正面交锋。这个星球上的所有移动电子设备——笔记本电脑、手机、掌上电脑(PDAs)以及 MP3 播放器——都已选用直流制式。数据计算的未来,全系于是否能够实现数字设备的真正移动,从而让用户可以使用任何设备,在任何时候,与这个世界上的任何人进行联系。如果要建立这样一个“永远在线”的世界,这些设备就必须摆脱电线,包括墙上插座的束缚,使用大容量的长航时充电电池。简而言之,迈出从交流到直流这一步。工业时代,几乎完全依靠交流制式提供电力,但到了信息时代,轮到直流制式回报一箭之仇了。

178

如果爱迪生能够活到今天,毫无疑问,他将致力于研发一种电力充沛的移动充电盒,为电子设备,甚至机动车提供一次充电便可使用数天的能源。但事实却是,爱迪生身后蓄电池的完善升级并未取得实质突破。尽管现在的电池更为持久,且更加不易漏电,但其发展进步却显然无法跟上电子设备的发展节奏。例如,普通笔记本电池的续航时间,考虑到被要求的不同工作环境,仅为二到五小时。即便将这种表现翻倍——在目前来看尚不可能很快实现——也不足以支撑一个完整的工作日。

电池制造厂商依然希望通过改变电池化学配比的方

式来提高电池的性能，这与爱迪生当年坚持不懈试验成百上千的化学配比组合，如出一辙。但这种做法只能在很小的程度内提升电池的耐久性。全世界都在渴望新的技术突破，从而为一个日益依赖移动电源的社会提供能源。

电池寿命，日益成为计算机乃至消费电子产品发展进步的关键瓶颈。最近对十五个国家消费者进行的一项调查显示，消费者对于未来移动电子设备特性的最大希求，便是拥有可以长时间供电的电池。调查同时显示，移动电子设备配备的电池性能表现不佳，成为人们为什么不更多使用该设备的主要原因。

最有希望显著改善移动电池性能的创新技术，便是所谓“燃料电池”(Fuel Cell)。燃料电池，实质上属于使用可充填能量物质(通常是最为简单的元素——氢)的发电装置。在燃料电池中，氢元素释放的电子，形成电流，剩下的氢离子与氧结合成为水，而这也是液体电池制造的唯一副产品。跟通常需要靠充电的方式才能再次使用的充电电池不同，只要继续补充氢和氧，燃料电池便可以一直发电。

当然，燃料电池依然面临巨大的技术障碍。为了提取自然界中并不自然存在的氢元素，需要付出至少一加

179

仑五美元的处理及提取费用,同时其中所使用的能源物质往往会释放温室气体,从而让液体电池无法满足碳的零排放。在燃料电池汽车成为燃油汽车的真正竞争对手之前,必须提前建立规模庞大的氢元素加工厂及燃料电池的“充电站”。

同样,可以大胆预测,爱迪生最具野心的研发计划,即通过一盒子直流电就足以驱动机动车,终将在数十年后修成正果,最终结束内燃机引擎一统天下的局面。从长远来看,爱迪生对于直流电的那些领先于其时代一个半世纪的看法,还真未必大错特错。

因此,在标准大战中,所有的胜利,都只在一时,所有的失败,都会在未来的某个时刻重新崛起,卷土重来。技术的进步、市场的改变、生活方式的改变,更为重要的是人类价值观的变迁,都可能将最为根深蒂固的技术标准彻底推翻。这一点,对于如其自身那般建立在正负这一对矛盾属性之上的电,显得尤为真切。坏的,会变成好的;好的,会变成过时的。彼此对立的双方,将会不停地如此这般,此消彼长,循环往复。

后记　标准之战:过去、现在及未来

标准之战中,往往“一将成名万骨枯”。

失败的,不仅仅包括选择了失势技术标准的公司,还包括购买了这些公司过时产品的消费者。还不止如此,即便押对了获胜的技术标准,消费者依然可能遭人鱼肉。因为在标准之战告一段落之后,产品价格便会愈发受到人为干预,毕竟这些没有站错队的公司,将会因此获得暂时的市场垄断地位。说到底,能从标准之争中获益的,无非是少数几大财团。最终,还是由消费者为此埋单。

标准之争,看似围绕不同技术路线展开,然而,如直流制式与交流制式之争那样,冲突一定会不断向深层次发展延伸。作为朝阳产业竞争对手之间你死我活恶斗的组成部分,标准之争的目标,不仅在于控制眼下的市场,更是在于控制未来的市场。名利,皆系于一线,因此标准之间的冲突往往会赌上双方的全部自我,也就不令人奇怪了。对抗双方的领导者,会慢慢将其所捍卫的标准视为自己的一部分,不到万不得已,绝对不会选择壮士断腕。这就导致标准之争中大量落败者都输得极不光彩，即便对所有人而言，在竞争中失势已经变得再清楚不过，他们依然会不顾一切固守己见。

和争夺工业产品在市场的主导地位相比，标准所代表的技术路线之争似乎显得多少有些微不足道。最佳事例，莫过于数字时代爆发的最新一场标准之争，即围绕高解析度 DVD 技术标准——“蓝光 DVD”与“高清 DVD”——所代表的技术路线之间出现的竞争。纯粹从客观的技术指标来看，二者并无明显区别。“蓝光”中的所谓“蓝”，指代被用来读写数据的蓝紫色激光，这种波长较短的光束可以使碟片贮存远超普通 DVD 的庞大信息数据。而它的对手，高清 DVD，也使用的是相同波长的蓝色激光。显然，市场空间有限，两种蓝色之中，只有一个能够存活下来。（值得一提的是，所谓蓝光的英文表述，使用的是 Blu-ray，之所以如此，是因为从商标法的角度，Blue 一词太过常用，无法注册，因此只能对其加以改写。）

两种高解析度 DVD 技术标准之间存在的区别，主要体现在碟片容量以及生产成本这两个方面。单层蓝光 DVD，可以容纳超过四个小时的高解析度图像及声音，相比之下，高清 DVD 碟片就稍显逊色，只能容纳两个半小时的图像及声音。如果使用成本更高的多层碟片，两种制式的数据容纳相去无几。据说,四层蓝光碟片足以装下十五个小时的高清视频。

虽然高清 DVD 制式无法做到如此大规模的数据存储,但碟片本身的制造成本却较蓝光 DVD 更为低廉,播放器的价格亦是如此,至少,一开始的情况是这样。选择站在高清 DVD 技术标准阵营的人相信,消费者会倾向用更少的钱换取同等的数据容量。而押宝蓝光 DVD 技术路线的公司则认为,未来的视频应用将需要非常巨大的数据存储能力,为此,消费者可以承担更高的消费成本。

DVD 制式标准之间的冲突,跟蓝光 DVD 制式的幕后推手索尼公司,以及高清 DVD 制式的主要发起者东芝、微软以及因特尔这三大巨头之间围绕家用电器产品的市场主导权所开展的大规模竞争相比,似乎显得无足轻重。索尼和微软,早就因为争夺利润丰厚的家用电子游戏市场份额打得不可开交。如此看来,DVD 的标准之争,似乎仅仅是这场规模浩大的商业战役的一场前哨战。

跟大多数之前爆发的制式之争一样,这场高解析度 DVD 的制式大战,也具备下列共同要素:基于之前敌我关系,而非技术本身优劣而选边站队的不同阵营公司;慢慢向对方做出令人毛骨悚然的尖锐指控;将决胜之道诉诸制造恐惧(“不能被对手甩开!”)

183

这一点,起码对于索尼这个主要的参与者而言,再熟悉不过了。这家日本公司在一个“世代”[1]之前,应对刚刚萌发的家用录影带消费市场,曾经与其他对手进行过一场极为类似的技术标准大战。索尼公司希望使用其开发的“贝塔麦克斯系统”,抗击竞争对手推出的“家用录像系统”。在这场对抗中,双方的技术差距依然微乎其微。两种制式只是在产品尺寸上有所区别——“家用录像系统”的带盒要比“贝塔麦克斯系统”的带盒长出 1.5 英寸——磁带的转速也有不同——“贝塔麦克斯系统”的录影带转速更快。依靠更大的带长以及更慢的转速,“家用录像系统”的图像存储时常几乎达到了“贝塔麦克斯系统”的一倍,约为两个小时。而后者则通过牺牲录像时间的方式换取更高的画面质量——所录制的影像效果较之“家用录像系统”更为清晰。而且,“贝塔麦克斯系统”中磁带与磁头的接触方式——大体上形似希腊字母 β——使得磁带与磁头的贴合更为紧密,进而实现更高的磁带转速及更大的接触强度。

1975 年 11 月,当“贝塔麦克斯系统”正式推向市场之

---

① “世代”(Generation),一般是指出生及生活在同一历史阶段的人类群体,代际间隔虽然会随着国家、历史发展阶段的不同有所变化,但大体维持在 30 年左右。

时，索尼公司掌门人盛田昭夫（Akio Morita）曾大胆断言，该系统将成为时代的标准，开启家用录像带市场的一场革命。当然，革命的代价并不低廉——索尼在美国首推的19英寸彩色电视录像一体机，零售价格高达2 295美金，而单单一台“贝塔麦克斯系统”的价格，就已经达到1 260美金。

1976年，索尼公司的竞争对手们，在JVC公司率领下，开发出一套自己的录像带制式，试图藉此与“贝塔麦克斯系统”分庭抗礼。索尼的盛田昭夫对“家用录像系统”嗤之以鼻，认为是劣等货，将会在自己的技术优势面前不堪一击。即便其带盒容量更大，足以装载两倍于己时长的录影带，索尼依旧认为这一点不足挂齿。当时，美国大多数电视节目的长度，都维持在一个半小时左右，索尼认为，只要美国人使用一盒自己开发的录影带足够完整录制相关电视节目即可。他们将赌注押在美国人不愿意牺牲画面质量来换取更长的播放时间这一判断上。然而，宝押错了。的确，索尼开发的“贝塔麦克斯系统”引发了家庭录影带热，但其所代表的技术标准，却不够“长”，从而无法坐享收益。

184

录影带制式之争刚一打响，索尼的判断失误便显露无遗。消费者很快开始使用家里的录影机复制电影以及体育赛事,这些节目的时长显然无法通过单独一盒“贝塔麦克斯系统”解决。而其主打的王牌——更优的画面质量——只能在高价的彩色电视机上才能得到体现。普通观众根本无法区分两种技术标准之间的图像质量差别。实际上,索尼公司是在要求消费者通过牺牲录像带容量——而这很快便被视为一项关键指标——换取他们根本无从辨识的更优画面质量。

与此同时,“家用录像系统”一方则结成了制造联盟,开始大规模生产数以百万计的播放机,以拉低产品价格。对于这种价格亲民且播放时间更长的录像带制式,消费者趋之若鹜,将索尼公司,冻在了高处。到了 1978 年,“家用录像系统”所占市场份额高达 70%,并且就此保持了这一领先地位。20 世纪 80 年代初,最初站在“贝塔麦克斯系统”一边的东芝、三洋以及 NEC 等公司,也开始转而销售采用“家用录像系统”的产品。

但是,和爱迪生及其所钟爱的直流制式一样,即便面对如此尴尬的销售业绩,索尼依然拒绝承认自己的失败。到了 1984 年,只有四家公司依然坚持生产适用“贝塔麦克斯系统”的录影带播放机,相比之下,适用“家用录像系统”的生产厂商高达十二家。前者在消费者当中所占市场份额跌至 20% 以下。在零售终端,“贝塔麦克斯系统”

录像带变得愈发难以找到，迫使更多的消费者转投“家用录像系统”。为了挽救自己的制式标准，索尼决定最后一搏，开始在新闻报纸投放广告，并且使用颇具煽动性的问题作为标题：“贝塔麦克斯系统已死？！”“买贝塔麦克斯难道吃亏了？”“贝塔麦克斯系统将走向哪里？”最后推出的那则广告，更是直抒胸臆，“贝塔麦克斯系统：将会永远变得更精彩！”

185

但对于“贝塔麦克斯系统”而言，唯一精彩的，便是亲眼见证自己这项耗费千百万美元的技术标准，最终化为乌有。1988 年，索尼公司最终承认失败，并开始生产使用“家用录像系统”制式的录像机，这跟通用电气最后被迫接受交流制式的结局一模一样。索尼公司的一位副社长向手下员工痛苦地承认，“坦白来说，我们并不希望采用家用录像机系统制式。可是，做买卖，不能单纯感情用事”。

一路走来，索尼公司在研发“贝塔麦克斯系统”的过程中，接连犯错。在授权其他厂商生产采用该技术标准产品方面，索尼反应迟缓，导致采用“家用录像系统”标准的机器抢得先机，更早摆上销售柜台。除此之外，索尼公司几乎单凭一己之力研发“贝塔麦克斯系统”，而“家用录像系统”阵营则通过生产厂家之间的彼此竞争，不断完善自己的产品。竞争过程中，索尼公司妄自尊大，将自己的虚荣排在标准的进一步发展前面，盲目地一味坚持到底。而“贝塔麦克斯系统”所存在的最大问题，即录像带播放时间仅为一小时，也成为新的技术标准之战开打前被最多关注的一点。

因此，在最新的这场DVD制式之争中，索尼公司选择支持更长播放时间的技术标准，绝非偶然。因为曾经选择更为小巧、精致的技术标准并吃过大亏，索尼这次决定采用“越大越好”的标准。但在技术标准的争夺战中，始终存在双方关注的其实还是过去的问题，而非当下需求的危险。尽管看起来，如果被赋予选择权，消费者很可能会选择播放时间更长的DVD制式，但这种消费倾向可能会因为其他因素的加入而瞬间改变——更低的价格、更高的可靠性、更强的工业保障。

在制式标准之争中落败，往往就会被贴上技不如人的标签。实际上，这种论断具有相对性，在很大程度上，需要取决于变化了的市场环境以及变化莫测的消费者需求。简言之，最多人选择的标准，就是最好的标准。

186

这场DVD制式之争，如果引发了任何结果，恐怕就是让消费者在购买任何一种制式之前变得犹豫不决。面对摆放在店里的两种高解析度影像产品，很多人都倾向于静观其变，以免受被淘汰一方的牵连，成为间接受害者。

对于选边站队的音像公司而言，也需要面临巨大风险，急剧发展变化的数字时代，随时都有可能出现全新科技产品，彻底取代蓝光 DVD 以及高清 DVD，导致现在的这场制式之争两败俱伤，没有赢家。在落败制式的博物馆里，始终有一席之地虚位以待，等候下一座标志人类愚钝的小小纪念碑。

延伸阅读

187

迄今为止，有关本杰明·富兰克林所从事的电学实验，最具说明力的介绍，还是其本人所撰写的相关材料。《本杰明·富兰克林电学记述》(*The Electrical Writings of Benjamin Franklin*)，收录了他与电学有关的大量个人信笺与出版物，已由塔夫茨大学(Tufts University)“莱特科学教育中心”(the Wright Center for Science Eucation)整理上线。该记述已经进入公共领域，可对其进行自由研究、复制及出版。

在某种程度上，托马斯·爱迪生算得上有收集癖，他的个人文件浩如烟海，足足有550万页！内容涵盖往来信函、财物记录、法律文书、生产数据以及新闻、杂志的剪报。目前，已经从中整理、出版了厚厚的五卷精装本《托马斯·爱迪生文档》(*the Papers of Thomas A. Edison*)。天才来得绝不便宜——每卷售价90美元——但他的大部分档案，都可以通过罗格斯大学(Rutgers University)提供的免费网络资源加以查阅。尽管爱迪生本人酷爱大海寻针般地仔细调查研究，但对于大部分“呆子”而言，在考察上述数字化文档时，往往会乘兴而来，败兴而归。

如果要对爱迪生的生平及研究做更具可控性的一般介绍，马修·约瑟芬森(Matthew Josephson)所著《爱迪生：自传》(*Edison: A Biography*)堪称经典，即便放到现在来看，依然站得住脚。虽然这本传记的部分内容缺乏批判性，但却很好地把握住了爱迪生这个人以及所做的工作。

188

弗朗西斯·杰尔(Francis Jehl)撰写的《门罗公园回忆录》(*Menlo Park Reminiscences*)，是这位曾跟随爱迪生在门罗公园实验室工作的助手对于陈年往事的记述，笔调迂腐但并不让人生厌。虽然在编年叙事方面多有错讹，但却罕见地为读者提供了与爱迪生并肩在实验室工作的新颖视角。《托马斯·阿尔瓦·爱迪生日记及杂记选编》(*Dairy and Sundry Observations of Thmas Alva Edison*)则收集了爱迪生当年为大众杂志及报纸撰写的系列文章，以及其1885年的部分日记节选。虽然其中的某些部分显示存在某位捉刀代笔者，但其所彰显的怪异想法，无可否认乃是爱迪生的原创。可惜的是，上述选编篇幅太短。

爱迪生的官方授权传记，由弗兰克·戴尔(Frank L. Dyer)等人在获得爱迪生帮助的情况下编著并于1910年出版的《爱迪生：生平及发明》(*Edison, his life and inventions*)，现在也已经可以通过“古腾堡计划”(Project

Gutenberg)进行免费在线浏览。这本书最有意味之处,在于很多欲言又止的部分,藉此,也可以显示出爱迪生本人一直在致力于打造个人的传奇形象。

如果要更多了解爱迪生公司的电影作品,没有什么比现代艺术博物馆、国会图书馆等机构联合出品的《爱迪生——电影的发明(1891—1918)》(*Edison—The Invention of the Movies, 1891—1918*)四碟 DVD 套装更为合适的素材了。套装规模惊人,收录了 140 余部爱迪生公司出品的电影,涵盖了从在黑色玛丽亚摄影棚拍摄的首部电影,到 1918 年其公司拍摄的最后一部正片,同时还收录超过两个小时的学者及博物馆学者的相关评述。记录在康尼岛电杀大象托普西的短片“杀死大象”,收录于“碟片一”当中。

尼古拉·特斯拉身后留下的资料,相较于爱迪生,显得更少,但却同样饶有趣味。他的自传《我的发明:尼古拉·特斯拉自传》(*My invetions: the Autobiography of Nikola Tesla*),早在 1919 年便已在杂志上连载出版,很好地揭示了他的科学精神与神秘梦想。《尼古拉·特斯拉:科罗拉多大瀑布笔记, 1899—1900》(*Nikola Tesla: Colorado Springs Notes, 1899—1900*)则收录了他一年间针对电力无线传输所做实验的笔记,虽然侧重科学性,但也为读者提供了感受特斯拉工作心态的有趣视角。他去世后不久,一位相熟的作家约翰·奥尼尔便撰写了《天才浪子:尼古拉·特斯拉其人其事》,极好地把握住了特斯拉特立独行的人格特质,以及稍显凄凉的晚年生活。马克·赛佛(Marc. J. Seifer)于1996年出版的《鬼才:尼古拉·特斯拉的生平及时代》(*Wizard: The Life and Times of Nikola Tesla*)一书,堪称近期质量最佳的特斯拉传记,为读者提供了即便在特斯拉去世后,联邦调查局依然对其感兴趣这一全新信息。

189

可怜的乔治·威斯汀豪斯,只在刚刚去世后有几位作家为他撰写过传记,如亨利·普鲁特(Henry G. Prout)所著《乔治·威斯汀豪斯生平》(*A Life of George Westinghouse*)以及弗朗西斯·鲁耶普(Francis G. Leupp)所著《乔治·威斯汀豪斯:生平及成就》(George Westinghouse, His Life and Achievements),但自此便再无人问津。他创造了历史,却没有身后留名。

说不定,乔治·威斯汀豪斯会在位于宾夕法尼亚州匹兹堡郊外威尔默丁(Wilmerding)的乔治·威斯汀豪斯博物馆大堂,逡巡游荡。这里收藏了一个全尺寸的“西屋时间胶囊”[1],参观者可以聆听到世界首次广播播音,在电气用品展厅,还可以见到西屋公司生产的电冰箱、缝纫机、洗衣机,以及干衣机。博物馆的执行主任艾德·雷伊斯(Ed Reis),也会亲自上阵,为到访者扮演乔治·威斯汀豪斯,进行大约四十五分钟左右的表演。

在新泽西州西奥兰治,爱迪生国家历史遗迹最近被修饰一新,再现了其在人生最初四十年埋头工作的实验室原貌。附近,在爱迪生镇,即过去的门罗公园,还建有一座门罗公园博物馆,收藏有一些与爱迪生相关的有趣展品,如当年的留声机,已经蜡质的唱片。

与大象托普西相关的纪念品,可以自康尼岛博物馆找到。地址为,纽约市布鲁克林区瑟夫大街1208号,电话718-372-5159。

---

① “西屋时间胶囊”(the Westinghouse Time Capsule),准确来说,有两个这样的时间胶囊:西屋公司为1939年纽约万国博览会制造了首个时间胶囊,子弹形状,长约二点三米,直径约二十二厘米,它与该公司为1964年纽约万国博览会制作的第二个时间胶囊一道被深埋地下,计划于6939年再次打开。

索引

F

译后记

曾有一次由于工作原因,需要赴日本常住。到了兵库,却发现在国内购买的某日本品牌电动剃须刀成了摆设,理由很简单,充电器插头的形状完全不同,无法使用墙上的插座充电。虽然听起来颇为怪诞,却是实实在在的"制式"受难。

翻出这点糗事,当然只是想着博诸君一笑。但如果稍微上纲上线,各位看官,这可是要不要"立规矩""守规矩"的大事,与你我息息相关着呢。

拿译者来说吧,一个学习法律的人,本职专业没搞好不说,非要僭越"专业槽",冒着贻笑大方的风险翻译这本涉及电学的著作,是不是有些不务正业呢?!好吧,译者承认,其实对于物理的基础知识,基本上已经就饭吃了,因此如果文中出现了常识性的错误,一定是本人不自量力所致,责任译者自负。

但不破不立,之所以非要不守规矩地做这件事,就是因为看过原著后,有话想说。作者给译者们讲了一个非常精彩的故事，这一点毋庸置疑。但不知道是不是自作多情，译者总感觉这个“故事”其实也是现实，更是未来。总结起来，理由有二：

“大智慧”的小人物与小聪明的“大人物”。

如果将爱迪生、特斯拉抑或威斯汀豪斯之间的乱斗看成一场打戏，众人你方唱罢译者登场，成王败寇，那么就很可能忽视了原著作者希望表达的某种意思。“爱迪生也生逢其时，他所处的大时代，赋予其将聪明才智投入科学实践的绝佳契机。”通俗点解释，原著作者是在强调即便是本书的主人公之一爱迪生，也只不过是因应了大时代的小人物而已，和其他小人物不同的是，他在某些方面，展现出了“大智慧”。爱迪生的大智慧，不是特斯拉的小聪明。看到“像只辛勤的蜜蜂那样，一根接一根，小心翼翼地筛选检查，直至寻获自己的目标”的爱迪生，特斯拉“内心倍感遗憾，毕竟，只需要一丁点理论，一些些计算，就可以帮他节省至少 90% 的苦劳”。的确，爱迪生无法像特斯拉那样掌握多门语言，善于抽象思维，可以不依靠动手试错便天才般地在脑海里完成实验。特斯拉是聪明的，但聪明和智慧并不具备全然等价性。爱迪生的坚持，甚至有些病态的执拗，弄清了“舍”与“得”，才是真正的大智慧。为了发明出新型蓄电池已经做了不下 9 000

次实验的爱迪生，面对他人的不解甚至“同情”，说了一段让译者的儿子，同时也是译本的首位读者，一名十岁的五年级小学生印象颇为深刻的话，“为什么这么说，老兄，是收获颇丰才对！我起码已经弄清楚好几千种东西是不管用的了！”反观特斯拉，虽然可以天才般地解决技术问题，但却无法豁达地舍与得。即便被后世真假掺半地捧上神坛，但说到底也只能算是有小聪明的所谓“大人物”而已。当然，大时代中，小人物乃是常态，流星般划过的英雄也不过是沧海一粟，大人物，更多的只是一种事后追认而已。

Play the rule 与 Play by the rule。

电流的制式也好，DVD 的规格也罢，甚至就连剃须刀充电器插头，说到底，都是一种规矩，是一种特定话语背景下的“显规则”。能够明明白白清清楚楚地把规矩摆出来，需要各种外力的帮衬，需要各种背景的衬托，更需要立规矩者本人的智慧与魄力。原著讲的就是工业领域的制式厘定与创设问题，爱迪生和威斯汀豪斯斗法，说白了就是确定谁在这行说了算。当然，这可不是简单的逞勇斗狠，而是需要堵上身家乃至名声的生死之战。赢了，市场拿走。何等豪迈！但稍微冷静下，如前所述，大时代不是出门就能遇到，即便遇到了，在现在这个所谓大数据时代(假设其真的存在),马云或扎克伯格似乎全世界也分别只有一个。重名不算!不管他俩是有着大智慧的小人物,如爱迪生,或者有着小聪明的“大人物”,如特斯拉,都已经在电商或社交网络领域立下了各自的技术标准,甚至决定了相关的行业制式,当然可以 Play the rule。但除此之外的你我,大概也只能按照人家定下的“显规则”(潜规则这事究竟算不算规则,还有待商榷,毕竟被潜之前,实在对其无从把握),Play by the rule 了。很多事情,还真没有说不玩就不玩,退出不干的可能性,或可行性。就好像为了能够刮上胡子,译者默默地走了很多地方,终于为自己的剃须刀买到了插头转换器一样。早就过了蓄须明志的岁数,将一千多块的全新剃须刀扔掉不用着实肉疼,更何况,这又是塑料又是金属又是电池的东西,究竟该如何作为垃圾扔掉,都成了问题。如何分类?周几去扔?扔到哪里?想想就头疼。[1] 无论是扔垃圾,还是用插头,译者和读者,都

① 日本制定了如《废弃物处理法》《关于包装容器分类回收与促进再商品化的法律》《家电回收法》《食品回收法》等法律规范废弃物的投放与处理。其中,《废弃物处理法》第 25 条第 14 款规定:胡乱丢弃废弃物的自然人,将被处以 5 年以下惩役,并处罚金 1 000 万日元以下罚金;如果是法人,则将被罚 3 亿日元以下罚金。

只是些可怜的被决定者而已。

悲观之余，聊以自慰的是，译者起码还可以对儿子要要老爸的权威，定些规则，尝尝 Play the rule 的瘾。不过也要满怀深情地对他说，“不想当爱迪生的小学生，不一定不是好学生。但不想当爸爸的儿子，一定不是好儿子”。[①]

小子，加油！

---

① 儿子对此的反应是，“不想当好爸爸的儿子，才不是好儿子！”

著作权合同登记号　图字:01－2017－3700
图书在版编目(CIP)数据

电流大战:爱迪生、威斯汀豪斯与人类首次技术标准之争/(美)汤姆·麦克尼科尔(TOM MCNICHOL)著;李立丰译.—北京:北京大学出版社,2018.7

ISBN 978－7－301－29353－9

Ⅰ.①电…　Ⅱ.①汤…　②李…　Ⅲ.①电流—物理学史
Ⅳ.①O441.1－09

中国版本图书馆 CIP 数据核字(2018)第 037038 号

AC/DC:*The Savage Tale of the First Standards War*, by Tom McNichol,
ISBN: 978－0－787－98267－6

书　　名	电流大战：爱迪生、威斯汀豪斯与人类首次技术标准之争 DIANLIU DAZHAN：AIDISHENG、WEISITINGHAOSI YU RENLEI SHOUCI JISHU BIAOZHUN ZHI ZHENG
著作责任者	〔美〕汤姆·麦克尼科尔(TOM MCNICHOL)　著　李立丰　译
责任编辑	田　鹤
标准书号	ISBN 978－7－301－29353－9
出版发行	北京大学出版社
地　　址	北京市海淀区成府路 205 号　100871
网　　址	http://www.pup.cn　http://www.yandayuanzhao.com
电子信箱	yandayuanzhao@163.com
新浪微博	@北京大学出版社　@北大出版社燕大元照法律图书
电　　话	邮购部 62752015　发行部 62750672　编辑部 62117788
印 刷 者	涿州市星河印刷有限公司
经 销 者	新华书店 850 毫米×1168 毫米　32 开本　9.125 印张　159 千字 2018 年 7 月第 1 版　2018 年 7 月第 1 次印刷
定　　价	49.00 元